NOUVELLES
NOTICES ENTOMOLOGIQUES

PAR

Maurice Girard,

Ancien Président de la Société entomologique de France, professeur de physique au collége municipal Rollin, etc.

(Seconde série.)

Extrait des Annales de la Société entomologique de France.

PARIS

TYPOGRAPHIE ET LITHOGRAPHIE FÉLIX MALTESTE ET Cie,

22, rue des Deux-Portes-Saint-Sauveur.

1869

NOTE RELATIVE

A DES

Expériences sur l'action des courants électriques

sur les chrysalides de Lépidoptères,

Par M. MAURICE GIRARD.

(Séance du 11 Avril 1866.)

Je n'ignore pas combien il est peu avantageux de rendre compte d'expériences négatives; mais il importe parfois cependant de les faire connaître, afin de provoquer de nouvelles recherches et d'empêcher de passer à l'état de vérités complétement démontrées des assertions qui manquent tout au moins d'explications suffisantes à l'appui.

M. N. Wagner, dans une note présentée à l'Académie des Sciences (séance du 24 juillet 1855, Comptes Rendus, t. LXI, p. 170) et dont il est fait mention dans notre Bulletin (Ann. Soc. Entom. de France, 23 août 1865, 4e série, t. V, Bull., p. XLVII), s'est occupé de l'influence des courants électriques sur la formation des pigments des ailes des papillons. Il s'est servi, dit-il, principalement des courants induits intermittents du petit appareil de Ruhmkorff et parfois du courant constant de 1, 2, 3 éléments de Grove, sans aucune indication d'intensité relative à ces appareils. Il se contente de dire que *les conducteurs électriques étaient appliqués à divers points du corps et surtout aux ailes.* Enfin les expériences ont porté uniquement sur des chrysalides de *Vanessa urticæ.*

D'après ce bref exposé, rien ne semble plus facile que de répéter ces intéressantes expériences; on se tromperait cependant beaucoup, comme je m'en suis assuré d'une manière positive.

Les chrysalides étaient placées chacune sur un petit support de soufre creusé en capsule et l'isolant parfaitement. J'ai d'abord pris pour conducteurs de larges lames de platine recourbées sur les bords de la capsule et emboîtant la chrysalide sur toute la largeur des ailes, sans se toucher, bien entendu. Les chrysalides étaient de l'espèce *Papilio machaon*, exposées à l'air libre dans la nature, et de tégument bien analogue à celui des chrysalides de Vanesses. J'ai constaté que le courant intermittent d'induction ne passait pas, même en mouillant la chrysalide avec de l'eau douce. Ces courants induits ne passent facilement à travers la peau de nos mains, bien autrement riche en matière muqueuse que la peau coriace d'une chrysalide, qu'à la condition de la mouiller d'eau fortement acidulée et de serrer les poignées métalliques; or il est impossible de songer à recouvrir une chrysalide d'eau acidulée sans altérer toutes les conditions normales et la faire périr. C'était bien le corps de la chrysalide qui interceptait les décharges successives d'induction, car on constatait parfaitement, au moyen des doigts acidulés ou d'un fil de platine donnant de petites étincelles, que le courant passait quand on réunissait par l'un ou l'autre moyen les couducteurs qui emboîtaient la chrysalide. En outre, je ferai remarquer que le plus petit des appareils Ruhmkorff usité dans les cabinets de physique, qui est celui dont je me suis servi, donne, avec un seul élément Bunsen à zinc de 14 centim. de hauteur sur 22 centim. de circonférence, des commotions assez violentes pour être ressenties par certaines personnes jusqu'aux coudes, ce qui me semble terriblement énergique pour une chétive chrysalide de *Vanessa urticæ*. En supposant qu'on parvienne à faire passer le courant, ce qui me semble extrêmement difficile, il faudrait un appareil Ruhmkorff tout spécial, construit *ad hoc* et extrêmement faible. J'ai cherché si une chrysalide naturellement renfermée dans un cocon, et par suite à peau plus lâche, pourrait donner un meilleur résultat; le courant n'a pas passé davantage à travers le corps d'une chrysalide, bien vive et remuant, d'*Orgya pudibunda*, retirée pour cela de son cocon, même lorsqu'elle était mouillée.

Les résultats ont été pareillement toujours négatifs pour les deux mêmes sortes de chrysalides, avec le courant continu de deux éléments Bunsen de la dimension déjà indiquée. Les larges conducteurs de platine emboîtaient les ailes; l'absence d'étincelles dans un godet à mercure où plongeaient deux extrémités coupées du fil, l'absence de mouvements d'une aiguille de boussole placée sous le fil rhéophorique, indiquèrent toujours que le courant ne passait pas, ni dans le corps, ni par la surface. Pour faire bien voir que l'interruption était due à la chrysalide, je remplaçais celle-ci par une nacelle oblongue de platine emboîtée entre les conducteurs absolument de la même manière; aussitôt le courant passait, il y avait étincelles, mouvement de l'aiguille de boussole (expérience d'Œrstedt), et enfin fort échauffement de la nacelle. Il faut bien remarquer en effet que si des courants d'une certaine intensité passent dans un conducteur d'aussi petite dimension que l'intérieur du corps d'une chrysalide, ils produiront un effet calorifique mortel.

On pouvait croire que si la très-majeure partie du courant ne passait pas, une très-petite fraction, sans rapport déterminable avec le courant principal, inappréciable par les moyens précédemment indiqués, pouvait cependant pénétrer à travers les téguments et expliquer les résultats de M. Wagner. Pour vérifier ce fait, un galvanomètre sensible, à boussole astatique, fut intercalé dans le circuit et ne présenta jamais aucune indication de courant lorsque les chrysalides de l'une ou l'autre espèce étaient placées entre les conducteurs. Il y eut une très-faible déviation, de 1° à peine, quand une des chrysalides eut été entièrement mouillée d'eau douce, résultat tout à fait en rapport avec la faible conductibilité de ce liquide et prouvant le passage d'une faible trace de courant dans cette eau, c'est-à-dire *autour* du corps et nullement *dans* le corps de la chrysalide. Les physiciens savent combien il est difficile de faire passer une décharge électrique à travers un corps peu conducteur et comment dans l'expérience du perce-verre, pour peu que la lame de verre soit humide, l'étincelle de la bouteille de Leyde la contourne au lieu de la perforer. C'est un effet de ce genre qui doit tendre à se produire sur les chrysalides si on rend leur surface un peu conductrice.

J'ai essayé ensuite si le courant passerait mieux en supprimant les larges conducteurs de platine et en les remplaçant par deux fils de platine qu'on promenait én divers points de la chrysalide posée sur la capsule de soufre, en les appuyant assez fortement, sans cependant la perforer. Le courant n'a pas passé, ni la plus petite fraction, comme le galvanomètre l'a prouvé.

Les chrysalides provenaient des chenilles du dernier automne, et les expériences sont de la première semaine d'avril 1866, époque qui précède d'environ six semaines l'éclosion des deux espèces citées.

J'ai cherché alors à introduire les conducteurs dans l'intérieur d'une des chrysalides d'*Orgya pudibunda* qui était encore entièrement liquide et très-peu avancée en développement. Il n'a passé qu'une très-faible fraction du courant, donnant 4° à 5° au plus au galvanomètre ; mais la lésion a amené la mort de la chrysalide par écoulement de beaucoup de liquide.

On voit donc de quelles difficultés la nature des téguments des chrysalides complique ces expériences et combien les lésions, pressions, etc., produites, si le courant a réellement passé dans les chrysalides de M. Wagner, peuvent avoir d'influence. Qu'on ait, je suppose, l'idée d'entourer les deux pôles d'un œuf d'oiseau placé dans une couveuse artificielle de deux calottes de métal se rendant aux pôles d'une pile ou d'un appareil Ruhmkorff, le courant ne passera pas, arrêté par la coque, et cependant des accidents pourront se produire chez l'embryon, dus au trouble apporté à la respiration et à l'évaporation de l'œuf, ainsi que le prouvent les expériences de M. C. Dareste, et il serait inexact de les attribuer à un courant qui n'a pu se produire. Des faits analogues doivent se passer à l'égard des chrysalides, qui sont comme un second œuf. Les compressions exercées sur les chrysalides produisent des atrophies fort diverses chez les papillons, comme le montrent les expériences de M. Barthélemy sur les chrysalides de *Sericaria mori* (Ann. des Sc. nat. Zool., 1864, 5e série, t. I, p. 225). Qui peut affirmer que les manipulations des chrysalides de M. Wagner, les affusions d'eau froide peut-être, les piqûres pour faire entrer les conducteurs sous la peau (je ne sais quelle hypothèse faire avec le silence complet de M. Wagner sur un point si important de son travail), ont été sans influence sur les altérations observées ?

Je suis loin de nier ses résultats, je cherche seulement à m'expliquer leurs causes. On peut toujours objecter que mes expériences n'ont pas porté sur l'espèce de M. Wagner et que peut-être les téguments de la chrysalide de la Vanesse de l'Ortie sont d'une autre nature que ceux de mes espèces; jusqu'à preuve directe contraire, c'est possible ; mais je crois que le sujet mérite de nouvelles expériences avant de prendre rang dans la science. Mes tentatives prouvent certainement, et c'est là leur résultat positif, que le courant ne peut passer à travers les téguments au moins de deux espèces de chrysalides; elles ont été répétées en présence de M. Brion, professeur de physique comme moi au collége Rollin, et de notre collègue M. Künckel.

Je suis loin cependant de contester l'influence électrique sur la formation des Lépidoptères à l'état parfait ; elle est certaine sur le système nerveux des animaux. Plusieurs observateurs affirment que ce sont dans les journées orageuses, à éclosions multipliées, qu'on rencontre surtout les aberrations dans les couleurs des ailes.

On invoque alors une sorte d'atmosphère électrique ; mais il faut remarquer que la nature ne fait pas d'ordinaire d'expériences simples, où toutes les variables moins une soient éliminées, condition que nous cherchons à remplir dans l'expérimentation physique et qui seule peut conduire à une loi. Les journées orageuses sont en même temps chaudes et humides; qui peut décider laquelle des trois influences détermine l'aberration ?

Il me semble, si l'on veut absolument employer l'électricité sous la forme de courant extra-polaire, que, pour imiter autant que possible la nature et la continuité si importante de ses actions, il faudrait soumettre pendant plusieurs semaines les chrysalides à des courants très-lents et très-faibles, semblables à ceux des petits appareils qui ont permis à M. Becquerel de reproduire artificiellement les cristaux de beaucoup de minéraux. Il faudrait alors choisir les chrysalides à un état de développement assez avancé pour que les lésions par piqûre du tégument ne soient pas mortelles. On sait en effet, et cela a été mentionné plusieurs fois dans nos Bulletins, que des chrysalides traversées par une épingle et sans doute près de leur éclosion ont conservé assez de vitalité pour que le papillon pût se débarrasser du tégument. Les conducteurs seront de très-fins fils de platine introduits sous la peau contre les ailes encore molles ; alors peut-être pourra-t-on attribuer au courant électrique. dont on devra du reste démontrer le passage, les aberrations du papillon, à la condition absolue de prouver que la lésion seule produite par l'introduction des conducteurs n'aura pas déterminé cet afflux de sang cause de la formation des pigments, et que M. Wagner dans sa note suppose amené par l'irritation mécanique que cause le courant électrique. Il faudra constater que des chrysalides, de même âge et de même espèce, simplement adaptées de la même manière à des fils pareils, mais sans production de courant, donnent un papillon non modifié, ou modifié d'une autre manière. Alors seulement l'expérience sera concluante, parce qu'elle aura la précision nécessaire à toute recherche scientifique irréfutable.

Je sais que M. Wagner a montré à M. Blanchard une boîte remplie de ses Vanesses modifiées et que les peaux de chrysalides après l'éclosion n'offraient pas trace de perforation, ce qui me paraît prouver qu'il appliquait les conducteurs à l'extérieur. Il a dit à notre savant collègue que quand le conducteur était longtemps appliqué au même point de l'aile, celle-ci offrait un trou. Ne serait-ce pas l'effet d'irritation mécanique de la pression ou du contact longtemps continué du fil ?

Il faut bien remarquer que, si le courant ne passe pas, on ne peut invoquer l'influence d'une sorte d'atmosphère électrique, positive et négative, de chaque côté de la chrysalide. L'électricité de la pile, et cela est surtout vrai pour les piles à courant constant à zincs amalgamés employées par M. Wagner, ne se produit qu'à la condition expresse que le courant passe ; la conductibilité de tout le circuit est liée à la formation d'électricité et réciproquement. Il est impossible quand un courant ne passe pas d'admettre dans les conducteurs qui emboîtent la chrysalide d'autres actions que des effets mécaniques de contact.

NOTE SUPPLÉMENTAIRE

RELATIVE AUX

Expériences de l'action des courants sur les chrysalides.

—

Les deux chrysalides de *Papilio machaon* soumises, l'une au courant onstant, l'autre à l'appareil Ruhmkorff, ont donné deux papillons grands et bien colorés, couformes au type; les chrysalides n'avaient donc nullement souffert des contacts prolongés et pressions des électrodes et des manipulations. Au contraire, la chrysalide de *O. pudibunda*, très-vivante lors des expériences, mais bien plus molle, à téguments tendres, a péri, incontestablement par suite des contacts et pressions.

Les meilleures expériences d'électricité à faire sur les chrysalides seraient des influences à distance, analogues à celles du conducteur isolé présenté à la machine électrique. On placerait la chrysalide isolée entre deux plaques chargées fortement *en tension* d'électricités positive et négative, d'où son liquide intérieur serait par moitié négatif et positif. On pourrait : 1° ou laisser durer longtemps cette influence, et alors on aurait une sorte d'atmosphère électrique; l'Insecte serait dans le cas des animaux et plantes lors de l'approche de nuages orageux; 2° par un mécanisme de commutation convenable, produire des décharges entre ces plaques, puis les recharger, soit dans le même sens, soit en sens contraire; on aurait ainsi dans le corps de la chrysalide des séries de décharges *intérieures* par décompositions et recompositions internes analogues aux décharges internes sans étincelle de la cascade étudiées par Dove. Ces expériences, encore à faire, exigeraient la construction d'appareils spéciaux ; mais là, si des modifications se produisaient, à distance, sans contact ni pression d'électrodes, on ne pourrait invoquer qu'une influence électrique pour les expliquer.

NOTES DIVERSES

Par M. Maurice GIRARD.

(Séances des 11 Juillet et 26 Septembre 1866.)

On sait que certains Insectes emportent, adhérents aux organes céphaliques, des pollens glutineux de plantes sur lesquelles ils ont cherché à récolter des liquides sucrés. Ce fait bien connu et signalé par divers auteurs, notamment par notre collègue M. Robin, a été rappelé dans une note insérée dans nos Annales (1864, 4e série, t. IV, p. 153), note dans laquelle sont ajoutés quelques exemples nouveaux. Il ne faudrait pas croire que les masses polliniques d'Orchidées soient les seuls corps étrangers qui puissent ainsi demeurer attachés aux Insectes. Une *Scolia bifasciata* femelle (Hyménoptères), prise au printemps à Fontainebleau par M. Fallou, me fut remise en raison de l'apparence singulière de la tête qui présentait aux antennes et aux pièces buccales des corps rougeâtres ressemblant au premier aspect à des pollens. Un examen plus approfondi me fit voir qu'il n'en était rien, mais que l'Insecte avait dû se frotter à quelque matière résineuse provenant soit de bourgeons, soit d'une plaie d'arbre. En effet, cette matière n'offrait pas à l'intérieur les granules caractérisant les pollens ; elle était insoluble dans l'eau et assez soluble dans l'alcool et l'éther, ce qui est propre aux substances céracées. La masse qui entourait l'antenne gauche contenait en creux l'empreinte des articles de cette antenne.

Dans la séance du 25 juillet 1866, notre collègue M. Lucas a montré à la Société un individu de la *Locusta viridissima* (Orthoptères) entièrement jaune par aberration. Ayant cette année recueilli un grand nombre de sujets de cette espèce pour des expériences de chaleur animale, j'ai rencontré un sujet aberrant fauve offrant des particularités analogues : c'est un mâle dont le ventre est d'un jaune pâle et testacé avec un peu de vert jaunâtre à la région sternale, une large bande d'un brun vif sur le milieu du prothorax, les miroirs et le bord costal des pseudélytres de même couleur, les nervures des ailes des deux paires fauves et non vertes comme dans le type, les pattes d'un jaune verdâtre en dessous et en dessus d'un fauve terne, les antennes fauves. Le dessus de l'abdomen offre la ligne longitudinale et médiane brune comme le type. L'extrémité inférieure de l'abdomen et ses deux appendices divergents sont d'un jaune citron. J'ai trouvé plusieurs individus, surtout dans les mâles, formant le passage entre cette aberration complète et le type vert. Ces nuances variées sont plus fréquentes chez les Mantides, du même ordre ; ainsi, dans la *Mantis religiosa*, on trouve des sujets verts, jaunes, fauves, bruns même.

Il arrive quelquefois que parmi les végétaux exotiques introduits dans nos cultures certains deviennent une nourriture de prédilection pour des Insectes indigènes. C'est ce qui s'est présenté pour les *Fuchsia* (famille des Œnothéracées, plantes originaires des Cordillières du Pérou et du Chili), devenues si communes dans nos jardins. Elles sont un aliment préféré à toutes les plantes voisines par les chenilles du *Deilephila elpenor* (Lépidoptères Chalinoptères), vulgairement appelé *Sphinx de la Vigne*, quoique ce dernier végétal soit un de ceux sur lesquels on trouve le moins souvent la chenille. Depuis plusieurs années je reçois ces larves de jardins de diverses localités des environs de Paris, et toujours provenant de *Fuchsia*. J'en ai rencontré, cette année, en plus grand nombre que jamais, à la fin du mois d'août, sur quelques sujets en pots de ces plantes, placés au milieu d'un jardin, sans pouvoir trouver une seule de ces chenilles sur tous les végétaux variés du voisinage ; il y avait une véritable concentration sur les *Fuchsia*, au point qu'une seule petite plante de cette espèce en offrait cinq à six. Je me suis assuré que non-seulement les feuilles sont dévorées complétement, avec la plus grande voracité, mais aussi et entièrement les fleurs ; les tiges ligneuses restent seules. La fréquence et la permanence de ce fait, déjà cité autrefois par M. Boisduval (Ann. Soc. Ent., 1856, Bull., p. LXXXVII), nous engage à appeler de nouveau sur lui l'attention des entomologistes. Il n'est pas mentionné dans des catalogues récents et détaillés, comme ceux de Belgique (Ann. Soc. Ent. belge), de la Gironde (M. Trimoulet, 1858), de Saône-et-Loire (M. Constant, 1866).

NOTES DIVERSES SUR LA SÉRICICULTURE.

Par M. Maurice GIRARD.

Séance du 9 Mai 1866.

Mme la baronne de Pages (née de Corneillan) ayant obtenu à la fin de l'année dernière des éclosions de l'*Attacus Bauhiniæ* (*Faidherbia* G. M.) du Sénégal, et n'ayant que des mâles, réunit ces mâles à des femelles de l'*Attacus arrindia* (Bombyx du Ricin). Les accouplements eurent lieu et un certain nombre d'œufs féconds, environ 30 0/0, donnèrent leurs chenilles, qui périrent en hiver faute de nourriture. Mme de Pages se propose de reprendre cette année cette intéressante expérience. Il y a là hybridité entre des espèces d'*Attacus* encore plus différentes que les *Attacus pyri* et *spini* (grand et moyen Paons de nuit), dont les amateurs allemands obtiennent des métis.

Je montre également des Chalcidiens (Hyménoptères), probablement d'une espèce nouvelle, qui ont été trouvés par Mme de Pages, au nombre de plus de cinquante, dans un cocon d'*Attacus Bauhiniæ*, sortis de la chenille dont il ne reste que la peau momifiée. Déjà notre collègue M. Guérin-Méneville a décrit un grand Ichneumonien aux magnifiques ailes d'un bleu d'acier, parasite de la même espèce (1).

Séance du 23 Mai 1866.

Je crois devoir communiquer les résultats d'une visite que j'ai faite le jour même à la magnanerie expérimentale du Jardin d'Acclimatation, à

(1) M. le Dr Sichel a bien voulu examiner ce Chalcidien, et après des recherches approfondies, déclare l'espèce nouvelle, sous le nom de *Phasganophora* ou plutôt *Conura Bauhiniæ* (Sichel).

l'occasion des conférences annuelles sur la sériciculture dont je suis chargé dans cet établissement.

Les éducations sont peu avancées, à cause de la faible température du début de cette année, l'emploi de toute chaleur artificielle étant proscrit afin de laisser les Vers à soie dans les conditions les plus naturelles. Les Vers des diverses races sont tous entre la première et la seconde mue ; aucune trace de maladie n'apparaît; mais on sait qu'elle ne se montre guère à cet âge peu avancé.

Les races du Japon déjà acclimatées, à cocons blancs ou d'un vert céladon, réussissent très-bien; elles ont eu une première génération en Syrie en 1864, une seconde au Jardin en 1865, et sont en 1866 à la troisième. La graine du Japon, provenant de M. Renard et qui est en France à sa première génération, était très-petite et n'a donné que des Vers chétifs ; un autre envoi de graine, du même pays, n'a pas éclos. Nous voyons se reproduire ici le même fait que nous avons déjà signalé à propos des éducations de M. le docteur R. Sarell à Scutari. Les Vers du Japon ont besoin d'une acclimatation en Europe et ne se fortifient qu'au bout de quelques générations; sans doute les Japonais, à l'instar des Chinois, depuis la liberté de grainage, ne nous envoient que des graines de rebut.

La magnanerie du Jardin présente en outre un lot d'une *race de Toscane*, envoyée par M. Edan, et des échantillons de nos anciennes races si précieuses, *Sina* et *espagnole*, le tout d'un bon aspect. On y trouve aussi des spécimens en parfait état de l'*Attacus Ya-ma-maï* ou Ver à soie du Chêne du Japon, élevés au rameau sur le Chêne blanc, sortis de la seconde mue.

Pour cette espèce aussi, beaucoup des œufs envoyés en grand nombre du Japon sont demeurés sans éclosion. La magnanerie est confiée, comme on sait, aux soins habiles de M. J. Pinçon.

Séance du 13 Juin 1866.

Dans une nouvelle visite faite le 13 juin 1866 à la magnanerie de la Société d'Acclimatation, j'ai constaté les faits suivants : les Vers terminaient en général la quatrième mue, c'est-à-dire avaient revêtu la dernière peau de chenille. Un certain nombre, étiquetés *Race de Toscane*, commençaient à monter. Ces Vers proviennent de graine mêlée, les uns à cocons blancs, les autres à cocons jaunes. Les vers du Japon de provenance directe sont toujours les plus petits. Seuls les Vers de *race espagnole* ont peu réussi et offrent beaucoup de sujets atteints du *gras*. En résumé, l'éducation de *Sericaria mori* marche très-bien et n'offre aucune trace de pébrine (1).

Il n'en est malheureusement pas de même de celle de l'*Attacus Ya-mamaï,* qui sera perdue en grande partie. Les Vers, très-beaux jusqu'alors, se couvrent pour la plupart de taches brunes de pébrine au moment de faire leur cocon. Ils continuent à manger jusqu'au dernier instant, et on en voit morts et à demi vidés encore attachés à la feuille de Chêne par les mandibules. Ces chenilles ont une sensibilité exagérée et se remuent vivement au moindre contact. Il faut remarquer que ces chenilles provenaient d'une graine qu'on croyait bonne, mais qui était prise dans l'éducation de 1865, ravagée par la maladie dont le germe existait sans doute dans l'œuf. C'est un exemple de plus qui prouve combien il faut peu compter sur la graine des sujets d'apparence saine qu'on trouve isolés dans les éducations atteintes par l'épidémie.

Séance du 11 Juillet 1866.

La graine de Vers à soie du Japon, importée par M. Renard et dont nous avons déjà parlé à propos de la magnanerie expérimentale du Jardin d'Acclimatation, a donné des résultats excellents et bien supérieurs à ce

(1) Les éducations qui ont le mieux réussi en 1866 à la magnanerie du bois de Boulogne, sans trace apparente de pébrine, sont celles de la race blanche japonaise introduite en 1864 et qui a déjà donné deux générations en France (1865, 1866); malheureusement les races japonaises, les blanches surtout, sont peu estimées de nos filateurs par la qualité de la soie, au point que le kilogr. de cocons blancs ne dépasse pas le prix de 3 fr. 50, tandis que les bonnes races européennes atteignent de 5 à 6 fr. M. Balbiani vient d'examiner la graine de cette race et a vu qu'elle est acide au papier de tournesol très sensible et qu'au microscope elle offre quelques corpuscules ellipsoïdes. D'après ses recherches en ce genre d'études, il pense pouvoir en conclure que cette graine donnera, en 1867 ou plus tard, des générations malades. L'expériences décidera, car cette graine, actuellement conservée au Jardin d'Acclimatation en lieu aéré et frais, sera mise à l'éclosion au printemps.

qu'on attendait. Les Vers, comme nous l'avons dit, étaient petits et lents à se développer; mais ils ont subi leurs mues sans maladie ni dépérissement et se sont montrés très-robustes. Les cocons, un peu petits, sont d'une fort belle soie blanche, pareille à celle de la race *Sina*. Les cocons femelles sont très-gros et ovoïdes; les cocons mâles, longs et très-étranglés. Les papillons sont petits, mais robustes, bien conformés, et les mâles à dessins bien plus marqués que dans la plupart de nos races d'Europe. Nul doute que cette race, une fois fortifiée, acclimatée et accrue en taille, ne devienne très-précieuse et ne donne des cocons un peu plus serrés. La blancheur et la finesse de la soie sont admirables.

Au sujet de la conférence faite au Jardin d'Acclimatation sur le *Sericaria mori*, j'ai reçu de Brives-sur-Corrèze, en date du 18 juin 1866, une lettre intéressante de M. l'abbé Maturier, dont voici quelques extraits :

« Les sériciculteurs de l'arrondissement de Brives ont lieu d'être satisfaits de leurs éducations respectives. Si, *dans la ville même, deux ou trois seulement* n'ont point réussi, ce n'est ni à la gattine, ni à la muscardine, ni aux diverses maladies qui atteignent généralement le Ver à soie dans le Midi, qu'on doit attribuer cet échec partiel, mais bien aux jeûnes fréquents infligés aux précieux Bombyx, par suite du manque de feuilles de mûrier, qu'on faisait venir de 40, 50 et parfois 60 kilomètres, et à une feuille plus ou moins avariée qu'on se croyait obligé de leur distribuer quand même.

» Au reste, l'incubation s'est faite dans de très-bonnes conditions, puisque l'éclosion a été superbe. Les Vers ont successivement passé d'une mue à l'autre sans transition trop brusque; c'est-à-dire que l'intervalle que fixent les auteurs entre les différentes mues a été à peu près observé et constaté. L'ascension à la bruyère a été vigoureuse, et je suis porté à croire, voire même à affirmer, que les cocons du bas Limousin peuvent fournir aux agriculteurs du Midi d'excellentes graines pour 1867.

» Depuis quelques jours les marchands nous arrivent, et j'apprends à l'instant que quelques magnaniers ont vendu à des prix élevés de 25 à 30 fr. le kilog. de cocons pour graine.

» Ici l'agriculteur ne peut vendre que pour graine; dans le cas où il serait forcé de faire étouffer et de livrer sa récolte à la filature, il lui serait impossible de compenser ses frais; il se procure, en effet, très-difficilement de la feuille : rendue dans la magnanerie elle revient à 23 ou 26 fr. les 100 kilos. Ajoutez à cela les dépenses de construction, de matériel et d'une main-d'œuvre très-coûteuse, etc., etc.

» La Corrèze n'est pas une contrée absolument sérigène; les éducations s'y produisent nombreuses depuis quelques années, mais sur une très-modeste échelle; on n'élève pas en général plus de trois ou quatre onces par magnanerie, souvent beaucoup moins, et c'est peut-être une des causes qui ont contribué le plus à conserver saines nos races indigènes, acclimatées depuis 150 années environ. L'hiver de 1830 a emporté la plupart de nos mûriers; mais depuis six ans on plante beaucoup, et j'espère que sous peu l'arrondissement aura les ressources suffisantes en feuilles pour subvenir à ses propres besoins.

» Je me bornerai à vous signaler aujourd'hui une éducation qui, cette année comme l'an dernier, a primé toutes celles du pays. C'est l'éducation que vient de terminer Mlle Noéline Cournil de Lavergne, au château de la Majorie, près Beaulieu (Corrèze).

» Depuis plusieurs années Mlle de Lavergne se livre à la culture du Ver à soie avec une véritable passion et un dévouement incroyable. Elle ne confie point ses chers Bombyx à des mains mercenaires; soins de tous les instants, travaux continuels, veilles prolongées, rien ne coûte à Mlle de Lavergne. Du jour où elle met ses quatre ou cinq onces de graine à l'incubation, elle n'abandonne pour ainsi dire ni nuit ni jour sa future récolte. Aussi obtient-elle des résultats qu'on peut dire presque prodigieux à notre époque. Sa chambrée de 1865, dont on a admiré à l'Exposition des Insectes le faible échantillon qui lui a pourtant mérité une médaille d'argent, cette chambrée n'était que de 114 grammes, et ces 114 grammes ont produit 220 kilogrammes de cocons superbes, qui ont été vendus à raison de 40 fr. le kilog.

» L'éducation de 1866 surpasse, à mes yeux, celle de 1865, au sujet de laquelle cependant le savant et judicieux naturaliste M. Guérin-Méneville a pu écrire dans son journal, *la Sériciculture comparée*, ces mots bien significatifs : « *Je n'ai jamais rien vu de plus beau.* » M. Guérin-Méneville a visité la magnanerie de Mlle de Lavergne, le 4 juin 1865, au moment où les Vers en foule grimpaient à la bruyère. Pour moi, je crois pouvoir affirmer qu'il me paraît impossible de voir des Vers aussi réguliers, aussi vigoureux, aussi sains, aussi parfaits, en un mot, que l'ont été ceux de la récolte que vient d'obtenir Mlle de Lavergne. Je crois vous être agréable en vous adressant, avec ces lignes, un spécimen de cette récolte. La vue des cocons vous donnera jusqu'à un certain point une idée de la beauté des Vers qui les ont formés. Cet échantillon est pris au hasard sur le premier rameau venu. Vous voudrez bien, Monsieur, le mettre sous les yeux des savants membres de la Société entomologique, vous livrer vous-même à l'étude attentive des Insectes qui sortiront dans quelques jours, et me transmettre directement vos propres observations, ainsi que celles de vos collègues, sur la forme du cocon, sur la structure des papillons, sur la nature et les qualités de la graine qu'ils auront produite.

» *P. S.* Outre son éducation de Vers à soie indigènes, cocons *jaune pâle*, que je crois être de race italienne, des *Tuoni* [ils sont de race milanaise], Mlle de Lavergne a élevé aussi quelques Vers du Japon qui ont parfaitement réussi.

» Un rapport de Mlle de Lavergne à M. le Ministre de l'Agriculture doit rendre un compte très-exact de ce premier essai.

» Je vous envoie quatre cocons de cette race du Taïcoum et quelques cocons blancs indigènes, qui sont des *Sina*, plus sept cocons jaune pâle ; en tout quinze cocons. »

Cette lettre exige de ma part quelques réflexions. Le marché français est réellement écrasé par les soies étrangères ; aussi, la plupart de nos producteurs se mettent à faire des éducations de grainage, en petit, avec des précautions qui empêchent le développement de la maladie actuelle (pébrine ou gattine). Ils en tirent un bon profit ; mais ce qui est plus désirable serait la reprise assurée et lucrative des grandes éducations industrielles. Les chiffres de la lettre précédente, qui s'occupe d'éducation de grainage, comparés aux prix du marché que j'extrais du *Commerce Séricicole*, numéro du 19 juin 1866, montreront mieux que toute parole l'intensité de la crise et la difficulté de lutter contre l'importation avec les prix d'achat considérables des graines :

Marché de Valence, 18 juin 1866.

Cocons verts, Japon.	4 f. 00	à	4 f. 25	le kil.
— blancs, id.	2 50	à	3 50	—
— jaunes, provenances diverses.	5 00	à	6 00	—

Marché d'Avignon, 16 juin 1866.

Cocons verts, Japon.	4 f. 25	à	4 f. 50	le kil.
— blancs, id.	3 00	à	3 50	—
— jaunes, provenances diverses.	3 00	à	5 25	—
				selon la qualité.

Ce journal ajoute que la récolte de 1866 est supérieure, dans le midi de la France, à celle de l'an passé, surtout en quantité.

A propos de la conférence faite sur les Vers à soie auxiliaires, j'ai reçu des renseignements précieux et inédits sur des éducations de l'*Attacus Ya-ma-maï*, faites près de Genève par M. Prévost et qui confirment bien les remarques déjà indiquées dans les communications antérieures (voir les pages d'avant), à savoir, que les éducations de sujets déjà acclimatés par des générations européennes précédentes sont bien supérieures comme produit à celles opérées sur des graines de première importation. Les œufs provenaient, les uns d'une seconde génération du pays, les autres avaient été reçus directement du Japon. Les graines du pays ont donné 11 0/0 de perte à l'éclosion, et celles du Japon 52 0/0. Le produit final de l'éducation de sujets déjà acclimatés est de 89 0/0, et celui des Insectes du Japon direct 48 0/0. La rusticité des chenilles est complète et l'élevage a eu lieu en plein air.

M. Prévost se propose de faire des éducations de Ver du chêne sur une échelle considérable, en y consacrant plusieurs hectares de terrain. Je ferai remarquer que la science doit tirer de cet essai d'importantes observations, car M. Prévost appartient à une de ces familles où l'étude des sciences physiques et naturelles est héréditaire. C'est à son père, lépidoptériste distingué, qu'on doit la découverte du *Deilephila hippophaes*, dont les premiers sujets furent payés 200 fr. la pièce, et de la *Zygæna genevensis*, variété locale constante de *Z. onobrychis*.

J'annonce aussi, de la part de Mme la baronne de Pages, la fondation d'une Société séricicole, destinée à l'extension des éducations des Vers à soie du Chêne, de l'Ailante et du Ricin. Cette Société disposera d'une publicité considérable, celle du *Petit Journal*. Son siége sera à Paris, au coin du passage des Princes et de la rue de Richelieu. Les industriels et les amateurs trouveront là des œufs et cocons, des manuels pratiques et livres divers, des appareils de ponte, d'éclosion, d'élevage, etc.

Séance du 25 Juillet 1866.

M. J. Pinçon m'apprend que les Vers à soie issus de la graine nouvelle importée cette année du Japon par M. Renard et qui ont donné des cocons de soie blanche sont tous *polyvoltins,* et qu'on commence en ce moment au Jardin d'Acclimatation du bois de Boulogne une seconde éducation de ces Vers. Cela explique la faiblesse relative des Vers et des cocons et présente un grave inconvénient pour nos climats, où les secondes éducations réussissent peu. La graine devait provenir des régions chaudes du Japon, dont les îles présentent des climats variés vu leur grande étendue en latitude. Peut-être parviendrons-nous à créer parmi ces Vers une race annuelle, ce qui est à désirer, si on considère la beauté et la finesse de leur soie blanche. Le même fait de Vers polyvoltins s'est présenté en 1866 chez tous les magnaniers du midi de la France qui avaient acheté de cette nouvelle graine japonaise, de sorte que la déception a été générale.

Notice nécrologique sur M. Eugène CAROFF,

Par M. Maurice GIRARD.

(Séance du 22 Août 1866.)

La Société entomologique aime à conserver le souvenir de tous ceux que la mort lui ravit et à inscrire dans ses Annales l'indication de leurs études préférées et de leurs travaux, alors même qu'ils n'ont figuré que peu de temps sur la liste de ses membres et que pour beaucoup de nos collègues la première connaissance doive se joindre au lugubre et dernier adieu. E. Caroff ne comptait dans nos rangs que depuis moins d'une année, mais il était en relation depuis longtemps, ainsi que son père, avec certains d'entre nous. Il était du nombre des amateurs parisiens qui avaient exploré avec le plus de zèle les environs de la grande ville, connaissant les localités si variées qu'ils présentent et la diversité des espèces qui en résultent. Grâce à ses excursions fréquentes, il faisait partie de ceux qui peuvent le mieux constater d'année en année la disparition des Insectes parisiens, à mesure que l'extension des constructions nouvelles enlève à la nature ses anciens sites, et que de grandes mais artificielles promenades remplacent ces petites routes agrestes et ces taillis incultes où se plaisaient les fleurs sauvages et les Insectes. E. Caroff récoltait des Coléoptères et des Insectes des autres ordres, mais la recherche des Lépidoptères était l'objet de ses prédilections.

Il peut y avoir un certain intérêt à rappeler ce que l'entomologie lui doit sous ce rapport. E. Caroff a été un des premiers, sinon le premier, à signaler à l'attention des entomologistes parisiens quelques espèces que l'on regardait comme étrangères à notre faune; telles sont, dans les Noctuélides, la *Nonagria bathierga* ou *lutosa*, espèce anglaise qu'il prenait sur la route de Saint-Cloud; dans les Phalénides, la *Boarmia ilicaria*, des Landes, capturée par lui en assez grand nombre, espèce dont M. Bellier de la Chavignerie avait déjà pris un exemplaire près de Paris; la *Cheimatobia boreata*, insecte du nord de l'Europe, rencontrée par E. Caroff dans le bois de Boulogne, principalement sur les candélabres à gaz. Un des premiers notre collègue essaya ce curieux genre de chasse, dont nous avons parlé à la Société dans une note récente (Annales 1865, p. 105) et à laquelle il fut conduit par les remarques fortuites d'une personne demeurant à Passy. Il retrouva le premier, avec son père, la *Nyssia hispidaria*, qu'on ne prenait plus depuis longtemps aux environs de Paris.

E. Caroff fut amené, dans ses continuelles investigations, à la découverte d'aberrations curieuses, dont plusieurs sont inédites. Nous citerons, dans les Lépidoptères Achalinoptères ou Diurnes : *Vanessa polychloros*, présentant le dessus de couleur enfumée et presque uniforme, par fusion des taches noires avec le fond, aberration qui fait partie de la collection de notre collègue M. Niviller; *Mars ilia*, femelle, sans aucune tache blanche, prise à Armainvilliers (coll. Niviller); *Melitæa athalia*, aberration inédite, de la même collection, presque toute noire tant en dessus qu'en dessous, tandis que la variété *pyronia*, des auteurs, n'est noire qu'en dessus, mais offre le dessous des ailes blanchâtre; *Argynnis paphia*, mâle, avec quatre ovales blancs, un sur chaque aile (coll. Bellier); *Anthocharis cardamines*, hermaphrodite bilatéral aberrant, car le côté blanc ou femelle présente un peu de jaune en dessous (coll. Niviller), et, au contraire, le côté mâle a en dessous un peu moins de jaune, comme si la somme du pigmentum colorant était tenue à rester constante; *Thecla rubi*, vert dessus comme dessous (coll. Niviller); *Polyommatus phlæas*, offrant les ailes supérieures noires en dessus, avec quelques atomes dorés, au lieu du large fond fauve vif du type, aberration citée par M. Bellier de la Chavignerie au congrès de Montpellier (Ann. Soc. Ent. 1857, p. 307). Ces captures ont été souvent faites par notre collègue en compagnie de son père; nous avons cité ce dernier à propos d'un *Lycæna adonis* femelle (coll. Fallou), doublement aberrant, dans une note insérée dans nos Annales et lue dans la séance du 25 janvier 1865. Il faut encore mentionner une *Melitæa cinxia*, à dessin uni en dessus, très-varié en dessous et que M. Bellier a fait figurer dans nos Annales. Enfin, parmi les Lépidoptères Chalinoptères ou Nocturnes, nous signalerons *Parthenias brephos* (Noctuél.), à dessin très-différent du type, aberration figurée dans nos Annales par M. Bellier (Annales 1858, p. 705); *Venilia maculata*, la *Panthère* de Geoffroy (Phalén.), devenue en dessus d'un vert uniforme sur les quatre ailes par fusion des taches noires habituelles avec le jaune vif du fond (coll. Niviller); *Chelonia caja*, à ailes inférieures jaunes et à ailes supérieures variées dans leur marbrure; *Smerinthus tiliæ*, à fond gris verdâtre, tout uni, sans aucune tache (coll. Niviller).

Une très-intéressante série d'aberrations a été obtenue par E. Caroff sur une Chélonide, la *Callimorpha dominula*, dont il éleva dans ce but les chenilles en quantité considérable pendant quatre années successives. On sait que le type, dans cette espèce, présente les ailes supérieures d'un beau vert bronzé à reflet, les inférieures d'un rouge vif, et des taches blanches. Il obtint comme résultat de cette longue expérience 27 sujets à ailes inférieures jaunes, un de couleur chocolat aux mêmes ailes, un à couleur orange, un à couleur rose aux ailes inférieures, tandis que les supérieures étaient à reflet bleu ; enfin, un autre, offrant pour le fond les couleurs ordinaires, mais dont les taches blanches, devenues confluentes, forment un dessin qui ressemble à celui d'un bas blanc sur une enseigne de bonnetier. Ces curieuses aberrations font partie de la collection de M. Niviller.

E. Caroff tenait un registre exact de ses chasses ; on y trouve l'indication de nombreuses localités du voisinage immédiat de Paris, avec les espèces qu'on y rencontre, leur époque d'apparition, etc.

On voit par les exemples que nous venons de citer que les recherches des simples amateurs peuvent offrir des renseignements utiles à la science. Il est bien fâcheux que la plupart d'entre eux aient l'habitude de garder le silence sur leurs observations de chaque jour ; ils ignorent que tout fait, bien constaté, a sa valeur, et qu'un détail qui leur paraît sans importance peut conduire à une précieuse découverte : que tout ouvrier du grand édifice scientifique doit apporter ses matériaux, et que, s'il n'est pas donné à tous de produire de longs mémoires, tous devraient se considérer comme moralement engagés à cette publicité, qui est la seule raison d'être de la Société entomologique, et qui constitue son incontestable utilité !

E. Caroff était attaché depuis plusieurs années comme préparateur au laboratoire d'entomologie du Muséum d'Histoire naturelle, sous la direction de naturalistes éminents, qui appartiennent tous à notre Société ; il avait succédé à M. Bagriot, lépidoptériste souvent cité dans nos Annales. E. Caroff avait suivi dans ce laboratoire ces traditions de complaisance scientifique et d'urbanité à laquelle les savants et les amateurs de tous les pays ont de tout temps rendu hommage ; on le trouvait toujours empressé à accompagner les visiteurs curieux d'étudier la magnifique collection du Muséum. Il était, ainsi que son père, fort habile dans la préparation des Insectes, et la plupart des sujets nouveaux reçus par le Muséum dans ces dernières années ont pris sous ses mains la forme destinée à en permettre l'étude. C'est à lui qu'on doit le montage élégant de cette belle collection de nids d'Hyménoptères du Mexique que nous remercions M. Blanchard d'avoir fait placer récemment dans les galeries. Le classement et l'étiquetage de la collection ont aussi occupé E. Caroff, ainsi que la préservation des boîtes, objet de fréquentes visites. Il était également chargé de disposer et d'étiqueter les sujets nouveaux d'histoire naturelle pour l'exposition permanente des produits de l'Algérie et des colonies dépendant du Ministère de la Marine.

C'est au milieu de ces travaux qu'une mort prématurée est venue le surprendre, à l'âge de trente et un ans. Il succomba, le 17 avril 1866, à la phthisie pulmonaire, développée chez lui d'une manière rapide et imprévue; la Société occupait ses dernières pensées, et il envoya sa photographie pour notre album à la séance qui précéda sa mort. Il laisse après lui une famille désolée, des orphelins dans une situation malheureusement très-précaire.

On trouvait dans E. Caroff les plus excellentes qualités du cœur; il fut pour les siens un fils dévoué, pour ceux qui le connurent un ami sincère, pour le Muséum un serviteur exact et rempli de zèle.

L'éducation première de notre collègue avait été bornée à de modestes études; mais, en vertu de l'heureux et nécessaire privilége des goûts scientifiques, il la complétait tous les jours par ses lectures, par les travaux intelligents qu'on ne craignait pas de lui confier au Muséum. La fréquentation de notre Société aurait certainement continué cette culture volontaire et si méritoire de son esprit. C'est une conséquence forcée de la science d'élever la moralité, d'étendre peu à peu le cercle des idées; une connaissance, même très-imparfaite, de ses hautes et pures vérités garantit l'âme contre cet affaissement que les travaux quotidiens et manuels amènent par leur impitoyable et monotone retour. Que le plus humble ait seulement le courage de maintenir ses regards tournés vers la divine lueur, il est assuré d'en recevoir la dignité et la sérénité de l'âme. Il est pour moi un des plus consolants spectacles, celui qu'offrent ces Sociétés savantes si méconnues, et particulièrement la nôtre! Par la confraternité des goûts de l'esprit, ces Sociétés unissent dans un lien commun les représentants les plus éminents des pouvoirs publics, l'Institut, toutes les illustrations sociales, à d'obscurs et dévoués travailleurs de la science dont le mérite peut ainsi se faire jour et acquérir l'estime de tous. N'est-ce pas là la bonne, la vraie démocratie?

NOTE

SUR

l'aberration TARAXACOIDES (Bellier de la Chavignerie)

DU

BOMBYX CASTRENSIS (Linn.)

LÉPIDOPTÈRE CHALINOPTÈRE OU HÉTÉROCÈRE.

Par M. MAURICE GIRARD.

(Séance du 24 Octobre 1866.)

M. Bellier de la Chavignerie a le premier fait connaître une aberration par albinisme offerte par la femelle du *Bombyx castrensis*, vulgairement la *Livrée des prés*, espèce commune en Europe. Elle a été décrite et figurée dans nos Annales, 2ᵉ série, 1851, t. IX, p. 101 et pl. 4. L'auteur avait obtenu deux femelles ainsi modifiées, sans qu'on puisse attribuer le changement à aucune différence de localité ou particularité de nourriture, ce qui constitue essentiellement une aberration et non une variété. Il dit : « La couleur ferrugineuse plus ou moins foncée des sujets ordinaires est » remplacée par un ton d'ocre jaune très-pâle dont les quatre ailes sont » teintées uniformément en dessus et en dessous; la tête, le corselet, » l'abdomen, les pattes sont de la même couleur. »

Je puis présenter à la Société un nouvel exemple de cette aberration, provenant de chenilles du *B. castrensis* élevées par M. Caroff. Le sujet, qui est toujours une femelle, est encore plus complétement aberrant que ceux présentés autrefois par M. Bellier, en ce que la teinte des ailes est tout à fait uniforme, tandis que chez les sujets de M. Bellier les deux raies courbes du dessus des ailes supérieures et celle des inférieures ont disparu à peu près entièrement; mais on en retrouve la trace avec beaucoup d'attention. Ce sont donc des sujets de passage extrême, amenant à l'aberration complétement albine, sans aucune trace de bande. C'est à elle que convient tout à fait le nom de *taraxacoïdes*, donné par M. Bellier, par analogie de teinte avec la femelle du *Bombyx taraxaci* (Fabr.), l'aile de celle-ci étant toutefois plus claire, vu sa faible épaisseur. Elle est en outre de beaucoup plus grande taille et son thorax est garni de longs poils d'un jaune clair, tandis qu'ils restent courts dans l'aberration femelle du *B. castrensis*.

Ces aberrations complètes par albinisme ont cet intérêt qu'elles montrent avec quelle précaution on doit procéder dans l'établissement d'espèces nouvelles; on serait tenté de supposer une espèce différente si on ne considère qu'un sujet isolé. L'existence des passages est à cet égard la règle la plus sûre. En outre, il y a toujours certaines particularités légères qui subsistent dans les aberrations et les rattachent au type. Si l'aberration dont nous nous occupons avait affecté l'espèce très-voisine, *Bombyx neustria* (Charleton, Linnœus), et encore plus commune, il serait fort difficile de la distinguer de *taraxacoïdes*. On pourrait cependant y parvenir encore par un examen minutieux. Ainsi les femelles des deux espèces *neustria* et *castrensis* diffèrent l'une de l'autre par la coupe des ailes supérieures. Chez *castrensis* la ligne costale, de la base aux deux tiers de l'angle externe, est droite, tandis qu'elle est un peu arrondie et plus courte chez *neustria*. Dans les types les antennes ont aussi des différences qui peuvent se retrouver dans les aberrations. Leur tige est d'un jaune clair dans *castrensis* et les barbes plus foncées; la tige dans *neustria* est d'un fauve assombri. La nervulation est plus en relief dans *castrensis*, et cela se retrouve dans son aberration albine, et le reflet des ailes est dans les deux d'un ton plus soyeux que chez *neustria*.

En prenant les espèces de l'Amérique du Nord, si voisines de *neustria* et de *castrensis*, l'albinisme complet donnerait encore des sujets qui seraient fort difficiles à distinguer de *taraxacoïdes*. On voit comment, par dégradation de caractères, des espèces réellement distinctes arrivent à se confondre et combien on peut se trouver induit en erreur par des caractères négatifs.

Il n'est pas à ma connaissance qu'on ait signalé jusqu'à présent un albinisme complet du *Bombyx neustria*. On trouve indiqué dans Godart (Lépidoptères de France, Nocturnes, t. I, 1822, p. 138) une variété commune de cette espèce, d'un ferrugineux pâle, surtout chez la femelle, avec deux lignes blanchâtres transverses sur le milieu des ailes supérieures et une, moins apparente, sur le milieu des inférieures. Le même auteur mentionne, à propos du *B. castrensis* (op. cit., p. 143), une aberration femelle n'ayant qu'une seule raie jaune sur la surface supérieure des ailes.

L'aberration *taraxacoïdes* de M. Bellier est tout à fait analogue à celle décrite récemment par M. Jourdheuil pour la *Chelonia Quenseli* (Payk.), réduite à être uniformément d'un jaune pâle. On peut voir, dans la collection de M. Fallou, une série de sujets femelles de cette espèce, conduisant par les passages les mieux choisis à l'aberration par albinisme complet de M. Jourdheuil (Ann. Soc. Ent., 1866, t. VI, 4e série, p. 127, et pl. 2, fig. 14). La même collection possède aussi une suite de femelles de l'*Emydia grammica* (Linn.) présentant tous les passages du type à l'albinisme à fond jaune clair uniforme.

Nous devons remarquer que toutes les aberrations albines citées appartiennent sans exception à des femelles. En effet, il s'agit ici d'une aberration par atrophie, et il n'est pas étonnant qu'elle se produise sur un sexe où les caractères tendent à s'effacer ; ce sont les sujets mâles où prédominent les caractères typiques les plus accentués. Ce n'est pas à dire cependant que les femelles ne puissent être affectées que d'albinisme ; on sait au contraire que c'est le mélanisme qui se produit dans les femelles de l'*Argynnis paphia* (Linn.) (Lépidop. Achalinoptère), variété femelle *Valezina* (Esper), fréquente dans le Valais et se rencontrant accidentellement en France dans tous nos bois.

NOTE

SUR UNE

Aberration de la PYRAMEIS (Doubl.) ATALANTA (Linn.)

(LÉPIDOPTÈRE ACHALINOPTÈRE OU RHOPALOCÈRE)

Par M. MAURICE GIRARD.

(Séance du 28 Novembre 1866.)

Le groupe des Vanesses présente des espèces dont la plupart varient peu, ce qui donne plus d'intérêt aux aberrations qu'elles peuvent offrir. La *Pyrameis atalanta*, vulgairement le *Vulcain*, répandue dans toute l'Europe et sur le pourtour européen et asiatique de la Méditerranée, n'offre presque jamais de différences. Aucune aberration de cette espèce n'est mentionnée dans les Lépidoptères diurnes d'Europe de MM. de Villiers et Guenée, 1835, p. 51, ni dans Godart, Lépid. d'Europe, t. I, p. 99, ni dans le catalogue si complet de M. Staudinger, 1861, p. 7, ni dans celui des espèces anglaises du British Museum, 1856, p. 10, etc. Engramelle donne une aberration de cette espèce qui n'a aucun point noir sur la bande rouge des ailes inférieures et moins de taches blanches au sommet des premières, et une autre avec extension de la bande rouge de celles-ci. L'aberration nouvelle qui fait l'objet de cette note est remarquable par sa parfaite régularité sur les deux moitiés symétriques de l'insecte ; c'est, à proprement parler, une aberration tendant à former une race, sans monstruosité, sans variation de taille, sans altération pathologique comme les albinismes. Elle porte essentiellement sur le dessus de l'aile supérieure de chaque côté, à l'angle apical. Au lieu d'un fond d'un noir de velours avec bordure violacée du type, se remarque une large partie d'un fauve ardent avec un trait noir contre le bord externe. La marge violacée qui occupe dans le type la moitié antérieure de l'aile est devenue grise. Les cinq macules blanches les plus extérieures subsistent, la supérieure devenue jaunâtre. L'espace fauve se mêle peu à peu avec le noir du type jusqu'à la grande tache blanche médiane qui atteint le bord supérieur, et, entre celle-ci et l'espace fauve, se trouve un trait transversal assez large, grisâtre et vitreux. Ce trait rectangulaire est une portion alaire dépourvue de pigmentum et, s'il n'était pas répété sur les deux ailes dans les mêmes dimensions et de la manière la plus symétrique, on croirait à un accident par frottement. Au-dessus une légère traînée du fauve de l'angle apical se prolonge marginalement entre les nervures costale et sous-costale jusqu'à la grande macule blanche. Le noir des ailes des deux paires est d'un ton roux, ce qu'on voit au reste assez souvent dans cette espèce. Les bandes rouges des deux ailes sont moins ardentes que dans le type. Il semble qu'une somme constante de pigmentum rouge soit affectée à chaque sujet et que l'affaiblissement du ton soit dû à la formation, aux dépens de ce pigment, de l'espace apical fauve. J'ai signalé un fait de ce genre pour une aberration hermaphrodite d'*Anthocharis cardamines* (voir Notice sur M. E. Caroff, même volume, 3e trim., p. 435). Les marbrures du dessous des deux ailes sont analogues au type, seulement peu foncées. Cette remarquable aberration a été obtenue par un amateur parisien, M. Billard. Elle provient d'une éducation de chenilles trouvées en août 1862 dans le voisinage immédiat de Paris, élevées ensuite à l'intérieur et écloses en septembre. Aussi nous proposons de nommer cette aberration si régulière et si nette : *parisiensis*.

L'intérêt qui s'attache à l'étude des aberrations est beaucoup plus grand que certaines personnes ne semblent le soupçonner. D'abord leur examen précise d'une manière exacte les caractères les plus importants, vu leur constance à signaler dans la diagnose d'une espèce et qui peuvent devenir, par cela même, génériques. J'ai déjà appelé l'attention sur ce fait (Ann. Soc. Ent., 1865, t. V, 4e série, p. 113).

Un point de vue plus élevé de philosophie naturelle est le suivant : Pourquoi, par exemple, en restant dans la tribu des Nymphaliens, à laquelle appartient l'aberration décrite dans cette note, voit-on des genres qui varient très-peu, comme *Argynnis*, *Vanessa*, *Pyrameis*, etc., et d'autres au contraire qui présentent de continuelles aberrations, comme *Melitæa* et certains *Satyrus* pour les ocelles ? Les espèces qui varient le moins sont celles dont la fixité est arrivée à sa limite, qui sont le mieux appropriées aux conditions de milieu, régime, sol, température. Celles qui varient souvent ne sont pas aussi bien fixées, et peut-être ne sont pas encore parvenues à leur type définitif. Peut-être s'agit-il d'espèces plus récemment apparues dans la contrée, non encore complétement identifiées avec les circonstances externes ; peut-être des changements séculaires de climat influent-ils sur des espèces au contraire trop anciennes et obligées à se modifier ou à disparaître. Enfin, certaines aberrations offrent peut-être la trace permanente d'états embryonnaires de la nymphe.

Je m'arrête, car le champ des hypothèses est trop vaste. J'ai seulement voulu montrer à quoi peut servir la recherche des aberrations, et combien il est à désirer que les amateurs fassent connaître celles si nombreuses et inédites qu'ils possèdent, au lieu de les enfouir dans leurs collections, sans profit pour la science.

Note. — La curieuse aberration signalée sera figurée dans le courant de 1867. La difficulté de placer une seule figure dans les planches occupées par les dessins relatifs à d'autres travaux explique et justifie ce retard. G.

SUR L'EMPLOI DES POULAILLERS ROULANTS
pour combattre les ravages des larves de Hannetons

(ENTOMOLOGIE APPLIQUÉE)

Par M. MAURICE GIRARD.

(Séance du 26 Septembre 1866.)

Les dévastations causées par les Vers blancs (larves du *Melolontha vulgaris*) s'étendent de plus en plus dans les environs de Paris. La cause générale me paraît celle indiquée dans une lettre d'un habile agriculteur de Seine-et-Marne, M. Giot (*Journal de Chartres*, 15 juillet 1866). Il y a environ vingt-cinq ans, dans les pays de grande culture, comme le plateau de la Brie, il se trouvait à l'époque des pontes beaucoup de terrains en jachère, dont le sol trop dur ne se prêtait que difficilement aux efforts des femelles pour faire les trous à œufs. Il n'en est plus de même aujourd'hui. Un bétail beaucoup plus nombreux exige d'abondants fourrages, la terre ne repose pas un instant; on cultive en abondance les betteraves, les prairies artificielles, etc., et les femelles trouvent partout un sol meuble et surtout riche en racines, très-favorable aux larves. L'instinct des adultes joue en effet le plus grand rôle dans la propagation variable de leur funeste race. On s'étonne souvent de voir deux champs juxtaposés, soumis aux mêmes conditions de voisinage de bois ou de vergers, présenter des Vers blancs en quantité fort inégale ; l'un ravagé au point de perdre toute la récolte, l'autre couvert de la plus saine culture ; tout dépend de l'état où se trouvaient ces deux terres au mois de mai de l'année de la grande ponte; si l'une était alors labourée et sans plantes, l'autre, au contraire, en prairie, les femelles se sont portées en abondance sur la seconde, en évitant avec soin la première, qui leur paraissait impropre à nourrir leur progéniture.

L'été si pluvieux de 1866 a particulièrement favorisé dans la Brie le développement des Vers blancs. De toute part on ne voyait au mois d'août que champs d'avoines grêles et flétries, betteraves à feuilles jaunies, qu'on était forcé parfois d'arracher en entier. Une terre de huit hectares, de la ferme de M. Giot, avait été ensemencée en blé à l'automme de 1865; il fut détruit par les Vers blancs (1); on dut ensemencer de nouveau en blé de mars, qui fut encore ravagé, et enfin la labourer en mai 1866 et la semer en betteraves. Elle offrait alors de 30 à 35 Vers blancs par mètre carré, ou environ 2,600,000 pour la totalité. Un certain nombre de fermiers faisaient suivre les charrues par des femmes et des enfants, et j'ai vu dans un seul champ jusqu'à huit femmes employées à cet effet; on peut juger de la dépense. Les chemins d'exploitation étaient couverts des Vers blancs ainsi ramassés, exhalant une odeur putride. Les larves étaient presque toutes à leur seconde année, provenant de la grande ponte du printemps de 1865. L'administration départementale se préoccupe beaucoup de ces déplorables dégâts. Nous lisons cette phrase dans le rapport de M. le préfet de Seine-et-Marne au Conseil général (session de 1866) : « Le Ver blanc, qui a nui aussi aux blés et aux avoines, fait des ravages » dont on ne pourra évaluer que plus tard toute l'étendue. » Je puis dire dès à présent que toutes les prairies artificielles provenant des semailles faites en 1866 seront gravement endommagées par les Vers blancs, si avides de jeunes racines, et qu'il en résultera un notable préjudice pour les fourrages dans la Brie dès 1867. Un arrêté préfectoral, affiché dans toutes les communes du département, ajoute aux primes communales : six primes de 40 fr. pour un minimum de 50 litres de Vers blancs, vingt de 20 francs pour un minimum de 40 litres; en outre, alloue 600 fr. pour soixante primes supplémentaires, par minimum de 25 litres, et promet des médailles. Ces mesures louables seront malheureusement fort insignifiantes, comme d'habitude, par l'incurie du plus grand nombre des cultivateurs. Les moyens de destruction seuls efficaces contre les insectes nuisibles seraient des lois générales, obligatoires et surtout strictement exécutées.

En présence de ces désastres, qui tendent à se multiplier de plus en plus, je crois utile de faire l'histoire, avec quelques détails, d'un mode de destruction encore peu connu et dont j'ai pu suivre *de visu* l'emploi quotidien. Nous trouvons indiqué, dans l'excellente étude du Hanneton due à M. Mulsant (Coléoptères de France, Lamellicornes, 1842), que quelques cultivateurs ont fait suivre la charrue par un troupeau de dindons, très-avides de Vers blancs. Il est clair que ce moyen ne peut s'employer que

(1) Lors des labours pour le blé d'automne 1865, les poulaillers roulants étaient sur d'autres points.

sur une petite échelle, près de la ferme. Les dindons sont des volailles d'élevage difficile, il faut les faire suivre d'un gardien si on veut les mener à grande distance, ce qui occasionne des frais, et ils sont loin de donner par leurs œufs le profit des poules. Une idée analogue, mais dont l'exécution est bien plus pratique, est celle qu'a eue M. Giot, si connu par les nombreuses récompenses qu'il a obtenues dans les comices agricoles, cultivateur prompt à mettre en pratique toutes les méthodes nouvelles, ne craignant pas de hasarder son temps et son argent dans d'utiles essais. Il a eu l'idée des *poulaillers roulants*, devant être transportés de place en place avec leur population gourmande partout où les labours amènent à découvert les larves terricoles, Vers blancs, Vers gris, etc. Le premier poulailler roulant fut envoyé en 1860 à l'Exposition agricole de Paris, et il eut immédiatement le sort, si commun chez nous, d'exciter l'esprit de facétie. M. Giot laissa rire et mit son idée à l'épreuve de l'expérience. Depuis cette époque deux poulaillers roulants fonctionnent contre les Vers blancs dans les terres de sa ferme située à Chevry-Cossigny, près de Brie-Comte-Robert (Seine-et-Marne). L'attention s'est portée cette année plus que de coutume sur cette invention en présence du progrès du mal. Je vais raconter ce dont j'ai été témoin. Les deux voitures contiennent chacune environ 200 poules, l'une de la race commune, l'autre de la race de Houdan. Elles sont placées, lors d'un labour, aux deux extrémités du champ; à l'intérieur sont des perchoirs et des compartiments nombreux pour la ponte des œufs; le fond est à claire voie, et une caisse en dessous recueille l'engrais. La porte s'abaisse le matin en pont-levis incliné pour la sortie des poules, qui rentrent le soir d'elles-mêmes. Dans la journée elles picorent dans un rayon étendu autour de leur demeure mobile, qui leur sert de point de ralliement. Aucun soin spécial, sauf de l'eau dans une auge à leur portée. Les laboureurs ouvrent le matin la porte des poulaillers et la ferment le soir au cadenas. Le poulailler demeure la nuit sans gardien au milieu des champs, fait important au point de vue de la dépense, sous la même protection légale que les autres instruments agricoles. Il ne revient à la ferme que dans les mois les plus rigoureux de l'hiver; les couveuses seules y sont ramenées en été, car elles ne seraient pas assez en repos dans le poulailler roulant, où les poules entrent et sortent continuellement. Il faut avoir le soin, lorsque de trop grandes pluies ou des jours de fête interrompent les labours, de porter aux poules de la nourriture.

Si on examine comment fonctionnent ces poulaillers, on voit toujours des poules en grand nombre suivre la charrue dans les sillons les plus récemment tracés et dévorer les Vers blancs. Le labour terminé, on brise les mottes par un hersage et les poules retrouvent une nouvelle pâture. Voici quelques remarques que l'observation m'a permis de faire et qui ont leur importance pratique. Les poules sont surtout avides de larves depuis le grand matin jusqu'à midi ; cette heure passée, elles mangent beaucoup moins et leur usage est bien moins efficace. Les poules sont en outre inégalement friandes de Vers blancs, ce qui exige l'emploi d'un poulailler assez nombreux en volailles. Les poules sont plus utiles avant la moisson qu'après, car alors beaucoup se gorgent de grains dont la digestion est lente. Au contraire, les Vers blancs se digèrent très-vite, et une poule gloutonne peut en manger plusieurs centaines par jour. Les déjections des poules ainsi nourries sont la meilleure manière d'utiliser les Vers blancs comme engrais. Les mouvements que font les Vers blancs amenés à l'air par la charrue ou la herse excitent beaucoup la voracité des poules, qui ne mangent pas aussi volontiers des animaux morts ; on peut s'en convaincre en voyant avec quelle avidité ces oiseaux se jettent sur une grenouille ou sur une souris vivante, tandis qu'ils n'y touchent que dédaigneusement si ces bêtes mortes ne remuent plus.

En bonne pratique agricole il faut chercher à restreindre les frais le plus possible. Les poulaillers roulants, outre la destruction des larves, servent à utiliser une foule de grains perdus lors de la moisson, et 400 poules donnent environ 200 œufs par jour, bien entendu dans les mois les plus favorables à la ponte, c'est-à-dire un bénéfice sans dépense de 12 à 15 fr. Une question importante se présente toutefois : les œufs et la chair de ces volailles ne subissent-ils pas une grave altération par le genre de nourriture qu'amène l'emploi des poulaillers roulants ? On remarque, en effet, que les poules se dégoûtent assez vite des Vers blancs ou des Hannetons qu'on leur fournit à la basse-cour comme nourriture exclusive. Je sais qu'un cultivateur de Forges, près de Montereau, M. Martin, ayant donné à ses poules exclusivement des Vers blancs, en a perdu beaucoup au bout d'une quinzaine de jours, et que la perte a cessé en supprimant cette alimentation. Les conditions dans lesquelles sont les poules des poulaillers roulants sont toutes différentes. Les volailles, toujours en plein air, sont vives, robustes, en excellente santé ; en outre, point important, elles mêlent continuellement aux Vers blancs des herbes et des graines, et l'on sait que la variété est une condition de bonne alimentation. M. de Lavalette a fait cette remarque essentielle que les Vers blancs pris au labour sont dans un parfait état, gras et pleins de vie, et qu'il en est tout autrement, dans le midi de la France, des Vers à soie malades et des chrysalides étouffées et à demi-pourries dont on nourrit les poules pendant que les magnaneries sont en activité, ce qui communique aux œufs un très-mauvais goût (Journal des Cultivateurs, n° 28, 12 juillet 1866); aussi pendant ce temps-là on se garde bien de les manger dans le pays: on les exporte, notamment à Marseille. Il n'en est pas ainsi pour les œufs des poulaillers roulants : j'en ai mangé, ainsi que plusieurs personnes, au moment où les poules, au milieu d'un champ labouré et sans racines, ne se nourrissaient que de Vers blancs, et je n'ai pas trouvé de différence de goût d'avec les œufs que l'on mange d'habitude à Paris. La même expérience a été faite au mois de juin de cette année, dans la ferme de M. Giot, par les principaux rédacteurs de nos journaux agricoles, qui se sont fait servir comparativement au déjeuner des œufs à la coque, pris les uns à la ferme, les autres au poulailler roulant, c'est-à-dire exempts de l'influence des Vers blancs ou au contraire affectés par elle, et l'opinion a été celle que j'ai exprimée plus haut. On a remarqué que les œufs de la dernière sorte ont des jaunes bien supérieurs aux autres pour faire des liaisons et en valent trois des œufs de la basse-cour pour colorer une sauce. Je ne sais si la qualité de la chair est affectée par le régime aux Vers blancs; mais ce dernier fait importe peu, car on peut changer la nourriture des poules et les alimenter au grain avant de les tuer.

Il reste à traiter un dernier point, la construction la plus économique du poulailler. M. Giot s'est d'abord servi de voitures de réforme, d'anciens *omnibus*; mais il a reconnu qu'outre l'inconvénient du prix d'achat élevé et des frais d'appropriation, elles sont très-lourdes et exigent plusieurs chevaux pour être déplacées dans les terres labourées, ce qui est une forte dépense. Il regarde comme préférable la construction de voitures spéciales, installées directement, assez légères pour qu'un seul cheval puisse traîner partout un poulailler de 300 poules. Des cultivateurs de divers pays sont venus étudier sur place les poulaillers roulants, et en ce moment six sont commandés à un habile constructeur de Paris, M. Demontier. Le prix de revient d'un poulailler roulant de 300 poules, prêt à recevoir ses habitants, est de 750 fr. Un de ces appareils, avec sa population ailée, figurera à l'Exposition universelle de 1867.

Je suis loin de voir dans cette invention autre chose qu'un palliatif au mal : on ne détruira pas complétement les Vers blancs par ce moyen ni par les autres; mais on peut espérer de diminuer leurs ravages à bien moins de frais que par la récolte à la main, si coûteuse que, malgré les primes, bien des cultivateurs ne peuvent en supporter la dépense. Nous sommes si tristement désarmés devant les insectes nuisibles qu'on ne doit négliger aucun procédé raisonnable. Puisse l'essai courageusement entrepris par M. Giot se continuer dans de nombreuses localités. Une expérience multiple et sur une grande échelle peut seule décider la question d'une manière définitive. Beaucoup des membres de notre Société s'occupent d'agriculture avec zèle et intelligence ; il peut être bon d'appeler leur attention sur ce point et de faire servir la publicité de nos Annales à ces questions d'entomologie appliquée d'un intérêt si puissant, si général.

NOTE 1. — A la lecture de ce travail, M. le docteur Boisduval a fait remarquer que Parmentier a émis autrefois l'idée d'employer aux champs des troupeaux de dindons ou de volailles contre les Vers blancs. Nous avons cité cette idée d'après M. Mulsant. Parmentier ne parle pas d'expériences faites et n'a point supposé qu'on pût installer les poules à demeure en rendant le poulailler mobile. C'est là l'idée importante de M. Giot, et de plus il y a eu pour la première fois exécution et mise en expérience. Cette explication était nécessaire, parce que l'incident a été rapporté d'une manière fort inexacte dans le Bulletin (Ann. Soc. Ent., 1866, 4e série, tome VI, Bull., p. LII). G.

NOTE 2. — Dans une courte note relative à la destruction du Hanneton (Bull. de la Soc. Zool. d'Acclimation, 1859, 1re série, t. XI, p. 202 et 203), M. Florent-Prévost indique qu'il a essayé d'utiliser les Hannetons adultes, tués par la chaleur solaire à travers le verre, séchés sur des claies et réduits en farine, ressemblant à de la farine de graine de lin par l'aspect, pour nourrir les jeunes Gallinacés dès l'éclosion, en la mêlant à la pâtée de pain, grains ou pommes de terre qu'on leur donne habituellement. Cet aliment n'est bon que pour les jeunes oiseaux et ne leur convient plus à l'âge adulte comme trop excitant. Cela confirme ce que nous avons dit qu'il fallait mêler aux larves des végétaux, comme les poules libres le font naturellement aux champs, si on veut maintenir ces volailles en bonne santé.

M. Florent-Prévost cite, comme moyens employés ou proposés pour détruire les larves de Hannetons, l'emploi des oiseaux de basse-cour qu'on laisse aller aux champs, et conseille, pour soustraire les semences et les récoltes à leur avidité, de les parquer comme des moutons. Nous remarquerons que ce moyen suppose un gardien au moins, pour ramener les volailles le soir à la ferme, et ce n'est toujours pas l'idée de transporter le poulailler aux champs. En outre ce sont là de bonnes idées, mais non des faits ou des idées mises à exécution. G.

NOTES DIVERSES

Par M. Maurice GIRARD.

(Séance du 24 Octobre 1866.)

M. Émile Deyrolle montre à la Société le dessin d'un nouvel appareil servant à détruire les Thrips, les Pucerons et en général tous les insectes qui vivent à l'extérieur des plantes. Ce procédé a pour base le soufre, non en fleur, comme il est ordinairement livré au commerce, mais réduit en vapeur par le feu. Ainsi volatilisé et projeté avec l'aide de la vapeur d'eau, il arrive sur les plantes à l'état pulvérulent et y adhère assez fortement pour qu'un léger frottement ne puisse l'enlever. Cet appareil, petit et léger, pourra être appliqué même à la grande culture.

Des expériences faites au potager impérial de Versailles et au jardin du Luxembourg ont parfaitement réussi; des rosiers couverts de Pucerons, des azalées dévastés par des Thrips, des poiriers ayant les feuilles presque percées à jour par le *Tingis pyri* ont été radicalement guéris par suite de la destruction de ces insectes par la vaporisation de soufre. Le prix modique de l'appareil et l'économie de temps et de matière première employée font qu'il sera d'un grand secours à l'agriculture, et surtout précieux pour les horticulteurs. Ce procédé a aussi un autre mérite, celui de détruire les Cryptogames, l'oïdium de la vigne, le blanc du rosier, le mermier du pêcher, etc.

M. Girard fait remarquer que, dans les expériences dont il vient d'être fait mention, le soufre doit agir d'une manière spéciale et peut-être s'oxyder lentement. On sait combien l'acide sulfureux agit avec efficacité sur le *Sarcopte de la gale*. Il ajoute que M. Brame a montré il y a une vingtaine d'années à la Société philomathique des plaques de verre sur lesquelles était déposé du soufre condensé et provenant de vapeur, demeuré semi-liquide par surfusion, et qu'il donnait à cet état du corps simple le nom de *soufre vésiculaire*; c'est probablement à un état semblable que le soufre est également déposé sur les végétaux par le procédé que vient d'exposer M. Émile Deyrolle. La vapeur d'eau favorise l'action, comme dans le calomel lavé à la vapeur; c'est le fait général d'entraînement par les courants gazeux.

(Séances des 27 Février et 8 Mai 1367.)

M. Girard communique divers extraits de lettres de M. Come, professeur de physique et d'histoire naturelle au lycée d'Alger, et relatives aux ravages exercés en Algérie par l'*Acridium peregrinum* (Orthopt.) :

Alger, 6 janvier 1867. — On prépare en ce moment à Alger une publication intéressante avec planches, due à une triple collaboration et contenant l'histoire des Acridiens : 1° au point de vue historique, 2° au point de vue agricole, 3° au point de vue entomologique (1). Cette dernière partie sera traitée par M. Lallemant, membre de la Société entomologique.

L'opinion le plus généralement accréditée au sujet des Acridiens d'Algérie (*A. peregrinum*, *Œ. migratoria*, etc.) est qu'ils viennent des régions equatoriales de l'Afrique, du Soudan. Les essaims nombreux éclos dans les sables de ces régions se dirigent, les uns vers le Sud, les autres vers le Nord, à la recherche d'une nourriture plus abondante que dans le désert. Les Acridiens qui se dirigent au Nord arrivent par étapes jusque dans le Tell algérien. La vie de ces insectes après leur éclosion, et en y comprenant leurs diverses mues ou métamorphoses incomplètes, n'étant que de cinquante jours environ, ceux qui sont partis du Soudan n'arrivent pas aux environs d'Alger, mais pondent en route et périssent peu après. Leurs œufs éclosent et fournissent de nouveaux essaims, qui parviennent ainsi jusqu'en Algérie, où ils arrivent en mai quand notre colonie a le triste honneur de leur visite. Les Acridiens adultes qui font invasion à cette époque se livrent aussitôt au travail de la reproduction, tout en dévorant

(1) L'ouvrage a paru sous ce titre : *Le Criquet pèlerin, études algériennes*, par MM. Agnély, Lallemant et Darru ; Alger et Paris, Savy, 24, rue Hautefeuille.

ce qui se trouve sur leur passage. Après avoir pondu et déposé leurs œufs sur le sol ils ne tardent pas à périr. Si la saison est convenable les œufs éclosent et donnent des légions innombrables de larves. Il y a six ans, les Acridiens qui sont venus n'ont pas produit de larves ; mais il n'en a pas été de même en 1866, et les larves ont fait plus de ravages que les adultes. Elles ont subi toutes leurs transformations et atteint l'âge adulte vers le mois de juillet. C'est ordinairement au mois d'août qu'adultes et larves disparaissent et qu'on n'en trouve plus de traces.

Au moment où j'allais fermer ma lettre, j'apprends une nouvelle assez singulière, c'est qu'une nuée de Sauterelles nous est arrivée aujourd'hui à Alger le 6 janvier, ce qui ne s'était jamais vu à pareille époque. J'avais entendu dire et j'avais lu dans les journaux qu'il en était arrivé dans la partie ouest de la province d'Alger il y a trois semaines. On en avait vu à Milianah et à Tenez, mais j'avais peine à y croire. Il faut bien me rendre à cette opinion aujourd'hui, car je les ai vues, et j'en ai récolté. Cela doit un peu dérouter les entomologistes. Ce n'est peut-être qu'une avant-garde. S'il en arrive d'autres demain, je vous le ferai savoir. Après le choléra et les tremblements de terre, les Sauterelles nous reviendraient, nous aurions bientôt toutes les plaies de l'Égypte à la fois !

Alger, 22 janvier 1867. — Les larves des Acridiens sont blanches au sortir de l'œuf et des espèces de petites tanières où les femelles déposent leurs œufs, mais elles deviennent entièrement noires à la lumière du soleil au bout de quelques heures, et il n'est pas facile de les conserver blanches, soit à l'état de vie, soit à l'état de mort............ Les Acridiens qui s'étaient montrés à Alger et aux environs, dès les derniers jours de décembre 1866, ont été détruits par les pluies qui sont survenues et ont complétement disparu. J'en a vu pendant trois jours consécutifs, mais ils étaient déjà très-rares le troisième jour. Leur couleur était un peu différente de celle des insectes de l'invasion d'été. Ils étaient rouges couleur lie de vin, mais ce ne sont que des variétés, car beaucoup d'Acridiens étaient de cette couleur parmi ceux éclos à Alger et parvenus à l'état adulte en juillet dernier.

M. Girard ajoute à cette communication qu'il se propose de demander à M. Come des sujets de cette invasion d'hiver, curieuse et insolite, afin qu'on puisse être parfaitement fixé sur l'espèce par un examen minutieux. Il montre à la Société des échantillons à tous les âges de l'*Acridium peregrinum* de 1866, préparés par M. Lauras, préparateur à l'École de Médecine d'Alger. Il termine en faisant remarquer que la lettre de M. Come lui a donné l'explication d'une grosse faute d'histoire naturelle qu'on peut relever dans l'article du *Moniteur* (1er juillet 1866), annonçant officiellement à toute la France le fléau qui désole notre colonie, en même temps que la souscription dont la Famille Impériale s'empresse de prendre l'initiative. Il y est écrit que les Sauterelles donnent naissance à des légions de Criquets. On nomme, à Alger comme ailleurs, Sauterelles, les Acridiens, et ce sont les larves aptères qui sont appelées Criquets. L'article a été rédigé sur des notes envoyées par l'administration algérienne et avec les noms usités dans la colonie et reproduits sans examen. Les erreurs en histoire naturelle sont bien fréquentes en France et sont la triste mais nécessaire conséquence de la part presque nulle que l'enseignement élémentaire officiel accorde à cette science, malgré ses continuelles applications et son utilité de tous les jours.

En conséquence M. Girard écrivit pour obtenir des renseignements plus complets.

Dans une lettre en date du 11 avril 1867, et en réponse à celle de M. Girard, M. Come communique quelques nouveaux détails sur les Acridiens dévastateurs de l'Algérie (mention fut faite de cette lettre dans la séance du 8 mai 1867). Les Criquets, bien que n'étant pas pourvus du même appareil fouisseur que les Sauterelles proprement dites, enterrent cependant leurs œufs assez profondément et ne les déposent pas simplement sur le sol. Les femelles creusent dans la terre meuble et surtout dans les dunes un trou qui va quelquefois jusqu'à dix centimètres de profondeur. Au moment de l'éclosion, M. Come a vu les jeunes Criquets encore blancs sortir de ces trous en grand nombre; ils deviennent noirs quelques heures après sous l'influence de la lumière.

M. Come répond à la demande au sujet d'une couleur différente observée sur les Criquets de l'invasion d'hiver. Il n'y aurait pas une espèce différente et les Criquets seraient tantôt rosés, tantôt d'un jaune verdâtre, et, selon lui, les Criquets, bien que pourvus de leurs ailes developpées, ne seraient pas immédiatement aptes à la reproduction, qui ne s'opérerait qu'après qu'ils ont pris la teinte jaune verdâtre. Toutefois il ne faudrait pas croire à une sixième mue, comme cela se produit pour les Ephémères ailées (*pseudimago et imago*).

M. Lallemant, présent à la séance du 8 maî, assure, à propos de cette communication, que les Criquets, qui vivent longtemps adultes, sont d'abord rosés, puis émigrent vers le Sud au milieu de l'été et peuvent revenir en hiver, étant alors de couleur marron avec les extrémités jaunâtres ou même jaunes.

M. Girard fait remarquer que nombre d'insectes adultes présentent des changements de couleur ; ainsi des Coléoptères foncés sont d'abord beaucoup moins colorés, des mâles de Libellules se couvrent avec l'âge d'un enduit glauque, le *Calopteryx virgo* (Névr.) mâle jeune a les ailes roussâtres non opaques, enfumées à reflet bleu à l'âge moyen, et enfin opaques et d'un bleu foncé à l'âge tout à fait adulte, ce qui avait conduit à de fausses espèces ou variétés.

M. Come enfin cite surtout Mostaganem parmi les localités d'Algérie qui ont eu dans l'hiver de 1866 des Acridiens en assez grande quantité. Il en a vu un certain nombre à Alger et dans les environs immédiats à Guyotville et à Sidi-Ferruch ; dans les premiers jours de 1867 quelques-uns s'abattaient encore à Alger même sur les platanes de la place du Gouvernement ; mais il n'a pu en saisir.

Une conversation s'engage entre quelques membres sur un accident mortel résultant d'une morsure de Scolopendre, ancienne histoire répétée récemment dans plusieurs journaux et reconnue tout à fait erronée ; mais à ce propos M. Girard rappelle le fait, constaté dans la pratique médicale, de piqûres, au fond de la bouche, de Guêpes logées dans un fruit et ayant amené la mort par suffocation résultant du gonflement.

DISCOURS

Prononcé le 9 janvier 1867

Par M. MAURICE GIRARD

en prenant les fonctions

DE

Président de la Société entomologique de France pour l'année 1867

SUIVI DE NOTES ET RENSEIGNEMENTS

ET DE LA

Table des travaux d'Entomologie appliquée

PUBLIÉS

PAR LES MEMBRES DE CETTE SOCIÉTÉ DEPUIS SA FONDATION.

Messieurs,

Le premier devoir que votre choix m'impose, et qu'il m'est doux de remplir, est de vous présenter l'expression de ma reconnaissance et l'assurance de mes soins les plus empressés pour les intérêts de la science que nous étudions en commun en nous prêtant un mutuel appui. Je crois être votre interprète à tous en remerciant le collègue que je viens remplacer aujourd'hui de son dévouement à notre Société, de son zèle plein d'énergie et d'ardeur pour l'entomologie, zèle éprouvé et accru par les années et dont nous conserverons un souvenir continuel en consultant les Tables de nos Annales, si nécessaires à nos travaux, que nous devrons à sa persévérance de tous les jours. M. Paris donne à notre Société beaucoup plus qu'une souscription pécuniaire, sacrifice momentané et oublié bientôt par le donateur, il nous accorde son temps en s'occupant de l'intérêt commun dans de longues heures d'un travail assidu; or, à notre époque d'activité féconde, rien n'est plus précieux que ce temps qui nous est prodigué avec une si généreuse cordialité.

Il me semble qu'une coïncidence fortuite m'amène tout naturellement au sujet dont je vous demande, mes chers collègues, la permission de vous entretenir quelques instants.

L'année 1867 verra se renouveler, sur une échelle grandiose, une de ces solennités bienfaisantes qui sont les véritables congrès de la paix du monde. L'histoire naturelle doit y occuper une place de premier ordre, surtout par les produits dérivant des trois règnes. L'entomologie y figurera à deux points de vue. Dans l'île de Billancourt, où l'on concentrera les animaux vivants, nous verrons s'édifier des magnaneries de divers modèles où seront élevées les meilleures races du *Sericaria mori*; les utiles auxiliaires de cette précieuse espèce ne seront pas oubliés, et M. Givelet, notamment, doit exposer des spécimens du Bombyx de l'Ailante en bien plus grand nombre encore que ceux qui furent l'objet de la curiosité générale à l'Exposition des Insectes de 1865. On annonce en outre la construction d'une magnanerie dans les dépendances de l'Exposition du Portugal. D'autre part, des Abeilles butineront sur les rives de la Seine et peupleront des ruches de tous les types, échantillons variés d'une industrie qui n'est devenue que tout récemment de second rang par les progrès de la science moderne (1)*.

Dans une autre section prendront place des collections d'insectes, et sans doute les pays lointains nous offriront des espèces intéressantes, comme cela est arrivé en 1855 pour les Lépidoptères de la Tasmanie; mais surtout, grâce aux préoccupations de plus en plus vives à cet égard de l'opinion publique, des exemples nombreux d'espèces utiles et nuisibles seront mis sous les yeux des visiteurs; la nécessité bien reconnue de l'enseignement professionnel, qui commence à s'organiser, doit répandre de plus en plus l'usage de ces collections d'études (2).

Il me semble que le rôle de notre Société doit tendre, en raison de ces symptômes évidents, à comprendre également de plus en plus dans ses travaux les applications de la science. Sans doute les sciences subsistent en dehors de toute utilité pratique, et chacune de leurs branches constitue un corps de doctrine indépendant du milieu humain; on peut même dire que les spéculations abstraites séduisent quelques esprits distingués, aimant à planer dans ces régions sereines inaccessibles au vulgaire; mais toute science qui ne cherche pas, comme but principal, les applications

* Voir pour les notes 1 et suivantes à la suite du discours.

destinées à accroître le bien-être de l'espèce humaine tombe peu à peu dans la subtilité ou la futilité, jusqu'à ce que, devenue stérile, elle soit abandonnée à l'indifférence générale.

On a toujours cherché à justifier les études théoriques par ces continuels exemples où surgit tout à coup une application qui les vivifie et les féconde, de sorte que toutes les découvertes de la science, même les plus minimes au premier abord, ont leur importance, en ce qu'elles peuvent concourir à cette noble mission de l'utilité générale, même à l'insu de leurs auteurs. Ainsi nous voyons les sections coniques étudiées par Platon demeurer pendant de longs siècles l'objet de la curiosité érudite, mais purement spéculative, des écoles. Tout à coup, par le génie de Képler et de Newton, elles sont reconnues constituer les trajectoires des corps célestes, et leurs propriétés permettent de calculer les périodes et le retour des phénomèmes astronomiques. En chimie, les découvertes du phosphore, du sulfure de carbone, de l'hyposulfite de soude, se bornent longtemps à la préparation de quelques grammes de ces substances, ne figurant qu'à titre de simple curiosité dans les cabinets des amateurs, puis l'application vient tout à coup, et des usines se construisent qui fabriquent ces mêmes produits par centaines de kilogrammes.

Que signifie le vers du poëte résumant les aspirations des philosophes antiques :

Felix qui potuit rerum cognoscere causas,

sinon la joie de l'homme instruit qui, ayant conquis les secrets de la création, se hâte d'en faire profiter ses semblables et acquiert ainsi sur eux l'autorité la plus légitime, celle qui découle de la reconnaissance ?

Dans le célèbre *Discours de la Méthode,* Descartes exprime le vœu qu'au lieu de s'adonner à la philosophie spéculative et stérile des écoles, l'homme arrive, par l'étude des forces physiques, à devenir maître et possesseur de la nature. Il regarde comme la meilleure invention celle qui permet de conserver la santé, « laquelle, dit-il, est sans doute le premier » bien et le fondement de tous les biens de cette vie ; car même l'esprit » dépend si fort du tempérament et de la disposition des organes du » corps, que, s'il est possible de trouver quelque moyen qui rende com- » munément les hommes plus sages et plus habiles qu'ils n'ont été jusques » ici, je crois que c'est dans la médecine qu'on doit le chercher. » Toutes les sciences doivent concourir à réaliser cette juste et belle pensée du philosophe et s'attacher à améliorer les conditions de la vie humaine sur la terre, puisque l'homme est, en définitive, l'instrument de la recherche de leurs vérités.

Quel stimulant, Messieurs, pour nos études que ce qui se passe continuellement autour de nous ! Que de mécomptes cruels ne voyons-nous pas se produire tous les jours dont la source est une ignorance qui rend inutiles les efforts les plus dévoués et les plus consciencieux ! Dans l'épidémie terrible qui désole l'industrie de la soie et dont on n'est pas certain de triompher, quelle part ne revient-il pas à l'absence de connaissances scientifiques des éleveurs qui ont traité des êtres vivants comme une substance inerte, s'imaginant augmenter indéfiniment le produit par l'accumulation des matériaux du travail et la diminution du temps employé au profit de la réduction des frais généraux ? Les échecs presque exclusifs des tentatives faites pour reproduire artificiellement les poissons et les huîtres dans nos eaux épuisées sont dus principalement à ce qu'il y a eu insuffisance dans l'étude de l'organisation de ces êtres et des conditions de milieu indispensables pour leur accroissement. Que d'argent dépensé tous les jours pour de prétendues recettes infaillibles contre les ravages de tel ou tel insecte nuisible ! C'est le devoir des entomologistes instruits de s'occuper des applications, parce que seuls ils peuvent le faire avec succès. La connaissance exacte des organes, nécessaire pour la détermination des espèces, conduit à la notion assurée de la fonction de ceux-ci, car elle y est liée par une dépendance réellement mathématique, quoique sa formule technique soit inconnue. Il en résulte ensuite, comme vérification rationnelle, l'étude des mœurs des insectes, et par suite l'invention des meilleurs moyens d'assurer la reproduction des espèces utiles, la conservation de leurs races, ou la destruction de celles qui sont pour l'homme de continuels ennemis. Je suis convaincu en particulier que ceux d'entre nous qui se sont occupés avec succès de l'éducation des larves des insectes seraient les plus aptes à amener à un bon résultat les essais d'introduction des nouveaux Bombyx auxiliaires du Ver à soie.

Je suis loin de demander à la Société des études insolites. Un grand nombre de nos membres marche depuis longtemps dans cette voie. Au travail, ancien déjà et si souvent cité, d'Audouin (3) sur la Pyrale de la Vigne, sont venues se joindre des recherches multipliées. M. Guérin-Méneville (4), poursuivant son but avec une persévérance que ne peuvent décourager les obstacles, a publié de fréquentes études sur les insectes industriels de la soie et a fondé pour eux la *Revue de sériciculture*. Nos *Annales* attestent dans tous leurs volumes que les dégâts causés par les insectes nuisibles et les moyens d'y porter remède ont été un continuel sujet de préoccupation dans sa vie laborieuse. On doit à M. Guérin-Méneville, sans contestation, d'avoir introduit en France le Bombyx de l'Ailante (*Attacus cynthia vera*), complétement acclimaté aujourd'hui, et les véritables acclimatations sont rares ; il faut, comme il est arrivé parmi les végétaux pour le robinier du Canada couvrant les talus de nos chemins de fer, que le sujet puisse vivre seul, libre et sans soins, dans le nouveau milieu. M. Goureau (5), marchant avec succès sur les traces de Réaumur, nous a donné les descriptions et les connaissances des mœurs de beaucoup d'espèces nuisibles. M. Blanchard a suivi la même route en publiant la *Zoologie agricole* (6), en étudiant et élevant, en même temps que M. Lucas (7), les Bombycides américains et faisant l'examen de leur soie, en s'occupant en ce moment même des dégâts causés par l'*Agrotis segetum*. Nous connaissons tous les remarquables mémoires de M. E. Perris sur les Insectes du Pin maritime (8), qui lui ont valu une médaille d'argent au concours des Sociétés savantes. Qui n'a admiré avec quelle sûreté de raisonnement M. Perris établit que les insectes n'attaquent que les arbres déjà malades ? M. Perris est en outre l'auteur d'un des meilleurs traités qui existent sur l'éducation des Vers à soie. Il y a quelques jours à peine la Société recevait l'hommage de l'*Entomologie horticole* de M. Boisduval (9); il a cru avec raison qu'il manquerait un fleuron à sa couronne entomologique s'il ne mettait au service de tous les connaissances dues à toute une vie d'études. Il compte persévérer dans cette voie.

Les noms viennent en foule à ma mémoire. M. Milne-Edwards (10) s'est occupé de la production de la cire ; il a le premier élevé en France le Bombyx du Ricin et établi sa détermination exacte ; Bruand d'Uzelle (11) a publié les Lépidoptères nuisibles ; M. Géhin (12), des études estimées sur les insectes qui attaquent diverses plantes, notamment les poiriers. Notre regretté président honoraire Léon Dufour (13), parmi ses si nombreux mémoires d'entomologie pure, nous en offre quelques-uns consacrés à des insectes utiles ou nuisibles. Je m'empresse de joindre à lui, sous ce rapport, un des membres qui ont le plus contribué à fonder notre Société et dont le zèle pour la science ne s'est jamais démenti, M. A. Lefebvre (14). M. Lucas (15), avec un soin qu'on ne saurait trop louer, a l'usage de faire part à notre Société des documents continuels que les dons faits au Muséum lui permettent de recueillir sur l'entomologie appliquée.

Au même point de vue, tantôt d'intéressantes notices ou de précieuses indications, tantôt des envois répétés à diverses expositions de collections d'entomologie appliquée, rappellent à notre souvenir Amyot (16), M. Laboulbène (17), M. Aubé (18), M. Coquerel (19), M. Sallé (20), M. Vinson (21), MM. Bazin (22), M. Millière (23), M. Reiche (24), M. Fairmaire (25), M. Mocquerys (26), frère Milhau (27), M. Bellier de la Chavignerie (28), etc. Enfin, M. Emile Deyrolle, au moyen de son injecteur de vapeur de soufre, cherche à détruire les ennemis des végétaux des jardins et des serres (29).

J'arrête ici, avec des omissions forcées que je regrette (30), cette énumération si longue et pourtant formée de membres de notre Société seule. Si je me trompe dans l'idée qui domine ce discours, je me trompe du moins en nombreuse et bonne compagnie. C'est en mêlant toujours les applications aux études théoriques que nous ne craindrons jamais la formation d'une Société rivale, certains de lutter sans désavantage, grâce à la réunion féconde des connaissances précises et des expériences pratiques. Nous devons nous souvenir d'une tentative récente et qui sera renouvelée (31).

Qu'il me soit permis de terminer par un vœu qui nous ramène au début de mon sujet. Qu'un certain nombre d'entre nous se partagent cordialement le travail; que chacun d'eux rende compte, après un examen spécial et limité, sans aucune préoccupation officielle, avec la stricte impartialité de la science, d'une des branches concernant l'entomologie à l'Exposition qui va s'ouvrir dans peu de mois; nos Annales s'enrichiront par cela même d'un travail très-utile, précieux jalon pour l'avenir, et conserveront ainsi, en ce qui nous regarde et nous intéresse, un souvenir de ce concile œcuménique de l'intelligence humaine.

NOTES et RENSEIGNEMENTS.

(1) 8ᵉ GROUPE. — *Produits vivants et spécimens d'établissement de l'agriculture.* — Classe 81. Insectes utiles : Abeilles, Vers à soie et Bombyx divers, Cochenilles, Insectes producteurs de laque, etc. Matériel de l'élevage des Abeilles et des Vers à soie. — *Comité d'admission* : MM. Blanchard (de l'Inst.), de Quatrefages (de l'Inst.), Robinet (Acad. de Méd.). — *Jury des récompenses* : MM. Blanchard, de Quatrefages.

L'exhibition des instruments indigènes d'apiculture sera à peine représentée au Champ-de-Mars, à cause du manque d'espace et du prix élevé d'installation. La Société d'Apiculture dispose de 1 mètre 25 centimètres d'emplacement. La Commission impériale vient de décider que ces instruments seront portés à Billancourt et qu'un concours pour les produits des Abeilles sera ouvert dans le courant de l'été. Les frais d'installation seront là peu élevés, 10 fr. au plus par mètre sous hangar.

(Extrait de l'*Apiculteur*, février 1867, p. 131.)

(2) 2e Groupe. — *Matériel et applications des arts libéraux.* — Classe 12. Instruments de précision et matériel de l'enseignement des sciences (Palais, galerie II)...... Collections pour l'enseignement des sciences naturelles. Figures et modèles pour l'enseignement des sciences médicales; pièces d'anatomie plastique, etc. — *Comité d'admission* : MM. Milne-Edwards (Inst.), L. Foucault (Inst.), Bourdaloue, Jamin, Privat-Deschanel. — *Jury des récompenses* : MM. Milne-Edwards, Foucault, Lissajoux.

TABLE

DES

Travaux d'Entomologie appliquée.

(3) **V. Audouin.**— Notice sur les ravages causés dans quelques cantons du Mâconnais par la Pyrale de la vigne et sur les moyens qui ont été jugés les plus convenables pour arrêter le fléau (Journal l'Institut, sept. 1837, et Ann. des Sciences natur., 2e série, Zool., 1837, t. VIII, p. 5). — Considérations nouvelles sur les dégâts occasionnés par la Pyrale de la vigne, particulièrement dans la commune d'Argenteuil (Ann. des Sciences natur., 2e série, Zool., 1838, t. VIII, p. 65). — De la Pyrale, insecte qui attaque la vigne (Soc. d'Agricult. et des Sciences de Rochefort). — Histoire des insectes nuisibles à la vigne et particulièrement de la Pyrale qui ravage les vignobles des départements, 1 vol. in-4°, Paris, 1842, avec atlas. — Exposé sommaire de diverses observations recueillies sur les insectes nuisibles à l'agriculture (Ann. des Sciences natur., 2e série, Zool., 1838, t. IX, p. 54). — Histoire naturelle du Ver

à soie, Paris, 1839 (Extrait de la Maison rustique du XIXe siècle, br. in-8°). — Recherches anatomiques et physiologiques sur la maladie contagieuse qui attaque les Vers à soie et qu'on désigne sous le nom de *Muscardine* (Paris, 1838, br. in-8°, 2 pl. col., et Ann. des Sciences natur., t. VIII, p. 229, 2e série). — Nouvelles expériences sur la nature de la maladie contagieuse qui attaque les Vers à soie et qu'on désigne sous le nom de *Muscardine* (Ann. des Sciences natur., t. VIII, 2e série, p. 257).

Observations sur certains insectes qui attaquent les bois employés dans les constructions, Ann. des Sciences natur., 2e série, Zool., t. XIV, p. 39, et C. R. Acad. des Sciences, t. X, p. 689. — Recherches pour servir à l'histoire naturelle des Cantharides (lues à l'Acad. le 3 septembre 1826; Ann. des Sciences natur., 1re série, t. IX, p. 31). — Sur une éducation faite à Paris d'un Ver à soie de la Louisiane (le *Bombyx* [*Attacus*] *cecropia*), C. R. Acad. des Sciences, t. II, p. 96, 1840. — Remarques sur les dégâts occasionnés aux ormes de nos routes par les insectes (inédites, mais publiées par extrait dans le grand ouvrage de M. Loudon, intitulé : *Arboretum et fruticetum britannicum*, p. 1387 et suiv.).

Travaux publiés dans les Annales de la Société entomologique, 1re série : Recherches sur la cause de certaines fissures qu'on remarque sur la tige des poiriers et qu'on attribue à la gelée, t. V, 1836, Bull., p. LXX. — Mémoire sur une larve de Taupin (*Elater segetis*) qui exerce de grands ravages dans les champs d'avoine (inédit, lu à la Soc. Ent. le 3 juin 1839). — Observations sur les insectes qui, depuis plusieurs années, dévastent le bois de Vincennes, t. V, Bull., p. XV et p. XXX.—Observations sur le dépérissement de plusieurs chênes qui a eu pour cause la piqûre faite à l'écorce par des milliers d'insectes du genre *Coccus*, t. V, Bull., p. XXIX. — Observations sur les dégâts occasionnés par le *Ptinus fur* dans les farines conservées en magasin, t. V, Bull., p. LXII. — Observations sur la manière dont les Scolytes nuisent aux arbres forestiers, t. VI, 1837, Bull., p. II. — Sur la Muscardine chez différents insectes, t. VI, Bull., p. LXXXI. —Sur la Pyrale de la vigne, t. VI, Bull., p. LX.—Ravages du *Rhynchites bacchus* sur les pommiers, t. VI, Bull., p. LVI. — Sur le Puceron lanigère attaquant les pommiers, 1835, 1re série, t. IV, Bull., p. IX.—Sur la soie d'un Bombycite indien, t. II, 1re série, 1833, Bull., p. LXXVI. — Dégâts causés aux céréales par la *Musca pumilionis*, t. VIII, 1839, 1re série, Bull., p. XIII.—Éducation des Cochenilles (*Cactus cacti*) dans les serres du Muséum, t. V, 1836, Bull., p. LXVIII. —Remarques sur la Cochenille du nopal, 1839, t. VIII, Bull., p. XLVI, et broch. in-4° sous ce titre, 1839.

(4) **M. Guérin-Méneville.** — Revue de sériciculture, 1863, 1864, 1865, 1866 (y voir notamment ce qui se rapporte à l'*Attacus Bauhiniæ*, du Sénégal). — Éducation des Vers à soie de l'ailante et du ricin, Paris, Bouchard-Huzard, 1860.—(Avec M. E. Robert.) Guide de l'éleveur de Vers à soie. — Sur la *Saturnia (Attacus) Perrotteti* (Revue et Magas. de Zool., 2e série, 1843, t. V, Insectes, pl. 123. —Sur le Ver à soie du chêne et son introduction en Europe (*A. mylitta* et *Pernyi*, op. cit., 1855, p. 292, pl. 6). — Description d'un nouveau Ver à soie du chêne provenant du Japon (*Ya-ma-maï*, op. cit., 1861). — Nouveaux Vers à soie *A. insularis* et *B. Fleurioti*, op. cit., septembre 1862.

Flottes de soie grége des cocons du Ver à soie de l'ailante, C. R. de l'Acad. des Sciences, 1863, p. 364.—Sur l'introduction d'une quatrième espèce de Ver à soie du chêne (*Attacus Roylei*), op. cit., 1864, p. 742.

Publications dans le Bulletin mensuel de la Société d'Acclimatation : Recherches sur les Vers à soie sauvages et domestiques, mars et août 1854 et 1855. — Sur les travaux relatifs à l'acclimatation des Vers à soie exotiques en 1859, janvier 1860. — Du Ver à soie de l'ailante à l'étranger et éducation du Ver à soie du ricin, avril 1862. — Rapport sur les cocons vivants d'un *Bombyx* séricigène du Brésil, rapportés par M. John Lelong, 1855, p. 49. — Sur les éducations de l'*Attacus mylitta*, 1856, p. 356. — Sur le Ver à soie sauvage *Ya-ma-maï*, juillet 1861. — Sur les progrès de l'acclimatation du Ver à soie du chêne (*Ya-ma-maï*), juillet 1863.—Mémoire sur trois espèces d'insectes hémiptères dont les œufs servent à faire une sorte de pain nommé *hautlé* au Mexique, 1857, t. IV, 1re série, p. 578 (et Ann. Soc. Ent., 1857, t. V, 3e série, Bull., p. CXLVIII). — (Et M. E. Robert.) Études sur la Muscardine, 1 vol. in-8°, Paris, 1848.

Publications dans les Annales de la Société entomologique de France : (Avec M. E. Robert.) Sur les mœurs du *Scolytus destructor*, 1846, 2e série, t. IV, Bull., p. LXIX et LXXXVIII. — Sur des chenilles de *B. mori* nourries avec de la laitue, op. cit., Bull., p. XIX. — Nourriture des Vers à soie au moyen de la feuille de scorsonère recouverte d'un enduit spécial, 1848, 2e série, t. VI, Bull., p. XII. — Sur les ravages de la larve du *Dacus oleæ*, 1847, 2e série, t. V, Bull., p. X. — Sur les cocons et les chenilles des *B. aurota* et *mylitta*, 1855, 3e série, Bull., p. CVIII. — Sur les insectes attaquant l'olivier, 1845, 2e série, t. III, Bull., p. LXVIII. — Sur l'*Altica oleracea* [Coléopt.] attaquant les vignes, 1845, Bull., p. LXVII. — Sur les ravages de l'*Agapanthia marginella* [Coléopt.] ou *aiguillonnier* dans les blés, 1845, Bull., p. LXV. — Sur l'*Hylesinus crenatus* [Coléopt.] attaquant le frêne, 1845, Bull., p. XXVIII. — Sur les insectes attaquant l'olivier, 1846, Bull., p. LVIII. — Sur les dégâts de la larve de la *Musca pumilionis* (Dipt.), 1842, XI, 1re série, Bull., p. II. — Insecte nuisible aux oliviers, *Œcophora olivella* (Lép.) et son parasite, 1843, I, 2e série, Bull., p. LXXVII. — Sur les moyens de détruire les insectes nuisibles, 1845, t. III, 2e série, Bull., p. XX. — Sur les ravages des Scolytes (Col.) et des Chlorops (Dipt.), 1845, Bull., p. XXII. — Dégâts causés aux betteraves par les larves de *Cassida nebulosa* (Col.), 1846, t. IV, 2e série, Bull., p. LXXI. — Haricots et chanvres ravagés par des Noctuelles, 1846, Bull., p. LXVII. — Remède aux dégâts de l'*Eumolpus vitis* (l'Écrivain, Col.), 1846, Bull., p. XXXV. — Dégâts causés aux betteraves par la *Noctua brassicæ* (Lép.) et par des *Altica* (Col.), 1846, Bull., p. CXVI. — Sur les insectes nuisibles aux oliviers, 1846, Bull., p. LXXVIII. — Sur les ravages du *Calamobius* (*Saperda*, Col.) *gracilis* (aiguillonier) dans les blés, 1847, 2e série, t. V, Bull., p. XVIII. — Dégâts du *Scolytus amygdali* (Col.), 1847, Bull., p. XLVI. — Sur la muscardine des Vers à soie, 1847, Bull., p. XLV et LVI. — Sur les insectes nuisibles à l'olivier, 1847, Bull., p. XLVI. — (Et M. Pilate.) Ravages du *Liparis chrysorrhea* (Lép.), 1848, 2e série, t. VI, Bull., p. LXXVIII. — Ravages des pommiers par l'*Yponomeuta padella*, 1848, Bull., p. LXV. — Dégâts des chenilles de *Pieris cratægi* et *Procris pruni*, 1849, t. VII, 2e série, Bull., p. XV. — Destruction des Charançons et Alucites par le procédé Herpin, ou tarare à grande vitesse dite *brise-insectes*, 1849, Bull., p. XXVII. — Ravages de la *Lytta vesicatoria* (Col.), Bull., p. XCIII. — Maladies des Vers à soie, 1850, VIII, 3e série, Bull., p. XLIV. — Larves d'Acariens attaquant les bourgeons de pêcher, 1851, t. IX, 3e série, Bull., p. V. — Sur des roses trémières (*Alcæa rosea*) attaquées par un Apion (Col.), 1851, Bull., p. CII. — (Et M. Pigeau.) Sur la préservation des blés en magasin contre les attaques des insectes, 1851, Bull., p. VI. — Études sur les Vers à soie, 1853, t. I, 3e série, Bull., p. LX. — Sur l'*Attacus mylitta* et sa soie, 1855, t. III, 3e série, Bull., p. LXXXIX et XCVIII, et sur l'*Attacus Pernyi,* op. cit., Bull., p. LV, LVI, LXVI, LXVIII. — Sur un *Coccus* des fèves de marais produisant une couleur rouge, 1855, Bull., p. LXVIII. — Sur l'*Attacus cynthia* élevé à Paris, 1856, t. IV, 3e série, Bull., p. XLVII. — Dégâts causés aux amandiers par le *Buprestis tenebrionis* (Col.), 1856, Bull., p. LXX. — Sur la matière colorante de la Cochenille de la fève, 1856, Bull., p. LXXIV. — Faits d'entomologie appliquée, 1856. Bull., p. VI. — Sur la maladie des Vers à soie, 1856, Bull., p. LXXIV. — Diverses notes sur les Vers à soie, 1857, t. V, 3e série, Bull., p. CXIX, CXXXVIII et X. — (Et M. Boisduval.) Notes sur divers Vers à soie (*cynthia, arrindia, mori, Prometheus,* 1858, t. VI, 3e série, Bull., p. CLI, CLXXXIII, CLXXXV, CXCIII, CLXXIV, CLXVIII. — Sur une *Tortrix* (Lép.) nuisible aux ormes, 1858, Bull., p. CXI. — (Et M. Boisduval.) Sur les Vers à soie ordinaires et nouveaux, 1858, Bull., p. CLXVIII, CIX, CLXV, CCXIV, CCIX, CCXV, CCXVI. — (Et M. Aubé.) Hybridation des *Attacus cynthia* et *arrindia,* 1859, t. VII, 3e série, Bull., p. XLVI et XLVIII. — Sur les nouveaux Vers à soie, 1859, Bull., p. CX et CCXLVI. — Sur l'*Agrotis crassa* (Lép.), nuisible aux tabacs, 1859. Bull., p. CXCII. — Sur la nourriture et les métis des *Attacus cynthia* et *arrindia,* 1859, Bull., p. CXCIV.—Ravages d'un Culicide (Dipt.) dans les troupeaux, 1860, t. VIII, 3e série, Bull., p. CVII. — Note sur l'enfouissement des ruches en hiver, 1857, t. V, 3e série, p. 33. — Note sur la distinction des *Attacus cynthia* et *arrindia;* 1857, Bull., p. XCVII. — Sur la maladie du *Bombyx mori,* 1857, Bull., p. XCVII.—Sur la *Cetonia aurata* (Col.) contre l'hydrophobie, 1857, Bull., p. XCVII. — (Et Delarouzée.) Notes diverses d'entomologie appliquée, 1858, t. VI, 3e série, Bull., p. CXLIV et CXLV. — (Et autres.) Sur l'emploi de la poudre insecticide de pyrèthre, 1858, Bull., p. CLXXIV et CLXXVI. — Sur des éducations de Ver à soie de l'ailante, 1860, t. VIII, 3e série, Bull., p. LXIV. — Note relative aux *Attacus mylitta, Pernyi* et *Ya-ma-maï,* 1863, t. III, 4e série, Bull., p. XIII et XX. — Sur le Ver à soie de l'ailante, 1863, Bull., p. XIII. — (Et M. Boisduval.) Notes diverses sur les *Attacus mylitta, Pernyi, Ya-ma-maï, Polyphemus, Roylei,* 1864, t. IV, 4e série, Bull., p. X, XV, XVI, LI. — Sur des soies de Lépidoptères et d'Arachnides, 1865, t. V,

4e série, Bull., p. III. — (Et divers.) Sur l'acclimatation définitive en France de l'*Attacus cynthia vera,* 1866, t. VI, 4e série, Bull., p. XLIX. — Sur les cocons des Vers à soie de l'ailante et du ricin, 1866, Bull., p. III. — Sur des Acariens en grand nombre (*Tyroglyphus feculæ*) trouvés sur des pommes de terre originaires de l'Australie, 1866, Bull., 4e trim., p. LXIII.

(5) **M. Goureau.** — Les Insectes nuisibles, 1 vol. et 2 suppl., Paris, Victor Masson et fils, 1862, 1863, 1865 (Extrait du Bulletin de la Société des Sciences naturelles et historiques de l'Yonne). — Insectes nuisibles à l'homme, aux animaux, à l'économie domestique, Paris, V. Masson et fils, 1867.

Publications dans les Annales de la Société entomologique de France : Ravages occasionnés par la chenille d'*Yponomeuta padella* (Lép.), 1845, 2e série, t. III, Bull., p. LXXX. — Sur des parasites détruisant le *Lecanium vitis,* 1863, t. III, 4e série, Bull., p. IV. — Sur les dégâts produits par la larve du *Rhynchites auratus* (Coléopt.), 1860, t. VIII, 3e série, Bull., p. V. — Ravages de la chenille de *Nepticula acerella* (Lépid.), 1860, t. VIII, Bull., p. XXIII. — (Et Amyot.) Note sur les insectes nuisibles, 1851, t. IX, 2e série, Bull., p. XXXVI. — Observations sur l'utilité de l'entomologie (en raison des insectes utiles et nuisibles), 2e série, 1844, t. II, p. 261. — Sur les parasites de la chenille d'*Hadena brassicæ* (Lép.), 4e série, 1861, t. I, Bull., p. VII. — Sur la destruction des insectes nuisibles, 1857, 3e série, t. V, Bull., p. XXVIII. — Sur un parasite de la chenille de *Nepticula acerella,* 1860, 3e série, t. VIII, Bull., p. XXIII. — (Et M. Aubé.) Ravages et parasites de la *Cecidomya tritici,* 1857, t. V, 3e série, Bull., p. XII et XIV. — Sur l'entomologie accessoire de la médecine, 1865, 4e série, t. V, Bull., p. XVI. — (Et M. Laboulbène.) Sur les larves de Curculionites attaquant des Crucifères cultivées, 1865, Bull., p. II. — Sur des larves de Diptères et de Lépidoptères observées chez l'homme, 1865, Bull., p. XVI. — Note sur l'*Yponomeuta padella,* ses ravages, ses parasites, 1847, 2e série, t. V, p. 239. — Note sur les insectes qui attaquent les ajoncs, 1847, p. 245. — Luzernes attaquées par des larves mineuses de Diptères, 1846, t. IV, 2e série, p. 227. — Note sur les insectes nuisibles aux pommiers, 1852, t. X, 2e série, Bull., p. LXXIX. — Sur les insectes qui vivent aux dépens de la truffe, 1852, Bull., p. LXXV. — Sur des parasites des Yponomeutes, des

Aphis et des *Coccus*, 1855, t. III, 3ᵉ série, Bull., p. XXXV et XXXVII. — Sur le *Cephus compressus* (Hym. tenthr.) nuisible aux poiriers, 1858, Bull., p. CCXXI.

(6) **M. E. Blanchard.** — Zoologie agricole, 1 vol. gr. in-8° avec pl. (inachevé), Paris, V. Masson (sans date). — Acclimatation des Bombyx qui produisent de la soie, et particulièrement de trois espèces américaines (*cecropia, luna, Polyphemus*), Bull. Soc. Zool. d'Acclim., 1ʳᵉ série, t. I, 1854, p. 415. — De l'acclimatation de divers Bombyx qui produisent de la soie, C. R. Acad. des Sciences, décembre 1849, p. 670. — Rapport sur la communication de M. le docteur Vinson au sujet du Ver à soie de l'Ambrevate, C. R. Acad. des Sciences, avril 1863, p. 620. — Des ravages occasionnés aux betteraves par la Noctuelle des moissons dans le nord de la France et en particulier dans l'arrondissement de Valenciennes, Revue des Cours scient., Paris, G. Baillière, 16 septembre 1865.

(7) **M. Lucas.** — Notes sur les chenilles d'*Attacus* (*Saturnia*) *cecropia* élevées à Paris, Ann. Soc. Ent. 1845, 2ᵉ série, t. III, Bull., p. LI, LV, LX, LXXIII, LXXXIV. — Même sujet, 1846, t. IV, Bull., p. XXXVII et LXII. — Sur une éclosion d'*Attacus luna*, Ann. Soc. Ent., 1851, 2ᵉ série, t. IX, Bull., p. LXXVII. — Observations sur les manières de vivre de l'*Attacus cynthia* et sur ses cocons obtenus en France, op. cit., 1854, 3ᵉ série, t. II, Bull., p. LXVII et LIX. — Sur des éclosions et éducations des *Attacus cecropia* et *polyphemus*, Ann. Soc. Ent., 1858, t. VI, 3ᵉ série, Bull., p. XCVI, CXIV, CLXVIII, CLXI. — Sur les œufs pondus par l'*Attacus Pernyi*, Ann. Soc. Ent., 1855, t. III, 3ᵉ série, Bull., p. LX.

Voir les autres travaux du même auteur (15), page 19.

(8) **M. Perris.** Traité de la culture du mûrier et de l'éducation des Vers à soie. Mont-de-Marsan, Leclercq, 1846. — Histoire des insectes du pin maritime, Ann. Soc. Ent., 2ᵉ série, t. X, 1852, p. 491; 3ᵉ série, t. I, 1853, p. 551; id., t. II, 1854, p. 85 et 593; id., t. IV, 1856, p. 173 et 423; 4ᵉ série, t. II, 1862, p. 173. — Note pour servir à l'histoire des mœurs des *Apion*, Ann. Soc. Ent., 1863, t. III, 4ᵉ série, p. 451. — Sur les ravages des chenilles du *Bombyx pityocampa*, op. cit., 1864, t. IV, p. 307. — Sur les ravages de la chenille du *Bombyx pityocampa*, Ann. Soc.

Ent., 1865, 4e série, t. V., Bull., p. XVII. — Sur l'impuissance de l'homme à empêcher les ravages des insectes xylophages, Ann. Soc. Ent., 1856, t. IV, 3e série, p. 230.

(9) **M. Boisduval.** — Essai sur l'Entomologie horticole, 1 vol. in-8° avec figures, Paris, Donnaud, 1867. — Sur deux Bombyx de l'Inde produisant de la soie, Ann. Soc. Ent., 1854, 3e série, t. II, p. 755. — Sur la soie du *B. cynthia,* même vol., Bull., p. XXVIII. — Sur l'*Agrotis saucia* nuisible aux tabacs. Ann. Soc. Ent., 1859, t. VII, 3e série, Bull., p. CII. — (Et M. Waga.) Dégâts de la chenille de *Xanthia flavago,* Ann. Soc. Ent., 1857, t. V, 3e série, Bull., p. CXXVIII et CXXX. — Ravages des chenilles dans le bois de Boulogne, Ann. Soc. Ent., 1858, 3e série, t. VI, Bull., p. XCI. — (Et Bruand d'Uzelle.) Ravages de l'*Acridium migratorium* (Orth.), Ann. Soc. Ent., 1858, t. VI, 3e série, Bull., p. CXXXIX et CXI. — (Et M. Waga.) Ravages des chenilles des *Agrotis,* Ann. Soc. Ent., 1847, t. V, 3e série, Bull., p. CXXVII et CXXIX. — Sur les ravages de la Tenthrède (Hymén.) du poirier, Ann. Soc. Ent., 1866, t. VI, 4e série, Bull., p. XLVII. — (Et M. Guérin-Méneville.) Sur la soie de l'*Attacus cynthia,* Ann. Soc. Ent., 1854, t. II, 3e série, Bull., p. XXVIII.

(10) **M. Milne-Edwards.**—Lettre sur la première éducation de Vers à soie du ricin faite en France, Bull. Soc. Zool. d'Acclim., 1854, t. I, 1re série, p. 340 (voir aussi C. R. Acad. des Sciences, 28 août 1854).—Détermination de l'*Attacus arrindia,* Bull. Soc. impér. et centr. d'Agriculture, 15 novembre 1854. — (Et M. Dumas.) Note sur la production de la cire des Abeilles; C. R. Acad. des Sciences, t. XVII, 1843, p. 531. — Rapport sur un mémoire de M. Blaud, relatif à la *Teigne de l'olivier,* C. R. Acad. des Sciences, séance du 18 mai 1846.

(11) **Bruand d'Uzelle.** — Monographie des Lépidoptères nuisibles, 7 livraisons, 1846-48-49-50-51-55-56, Annales de la Société d'Émulation du Doubs. —Ravages dans les seigles de la larve de l'*Elater segetis* (Coléopt.), Ann. Soc. Ent., 2e série, 1848, t. VI, Bull., p. XCII.

(12) **M. Géhin.** Notes pour servir à l'histoire des insectes nuisibles : 1° Introduction, br. in-8°, Metz, Rousseau-Pallez, 1856 (extrait du Journal de la Soc. d'Hortic. de la Moselle); 2° Insectes qui

attaquent les blés, br. in-8°, Metz, F. Blanc, 1857 (extrait du même journal); 3° Insectes qui attaquent les poiriers (Coléoptères), br. in-8°, Metz, J. Verronnais, 1857 (Bull. de la Soc. d'Hist. nat. de la Moselle); 4° Insectes des ormes et des peupliers, br. in-8°, 1860, Metz, F. Blanc (extrait du Bulletin des Comices); 5° Insectes qui attaquent les poiriers (autres ordres, sauf les Lépidoptères), br. in-8°, 1860, Metz, J. Verronnais (Bull. Soc. Hist. nat. de la Moselle).

(13) **L. Dufour.** — Note sur les dévastations de la larve du *Colaspis barbara* (Ann. Soc. Ent., 1re série, 1836, p. 371, 372). — Notes sur la question de la production de la cire chez les Abeilles (C. R. Acad. des Sciences, 1843, t. XVII, p. 809 et 1248).

(14) **M. Lefebvre.** — Sur la Cochenille en Algérie, Ann. Soc. Ent., 1re série, 1834, t. III, Bull., p. LVI. — Larves dévorant le chanvre et leurs parasites, op. cit., 1834, Bull., p. LXIII. — Sur un Myriapode qui aurait vécu dans les sinus frontaux d'une femme, Ann. Soc. Ent., 1833, t. II, Bull., p. LXVI. — Dévastations d'Acridiens en Espagne, op. cit., 1833, Bull., p. XLV. — Sur l'*Attacus cynthia* (Lép.) des Indes et son acclimatation projetée, Ann. Soc. Ent., 1848, t. VI, 2e série, Bull., p. X. — Dégâts causés par le *Scolytus pruni* (Col.), Ann. Soc. Ent., 1847, t. V, 2e série, Bull., p. LXXXII.

(15) **M. Lucas.** — Annales de la Société entomologique de France : Sur la morsure de la Malmignate (Arach.), 2e série, t. I, 1843, Bull., p. VIII (et Pierret). — Ravages de l'*Acridium peregrinum* en Algérie, 1845, t. III, 2e série, Bull., p. XXXII, XXXIX, LX. — Mœurs de la *Galleria cerella*, 1846, t. IV, 2e série, Bull., p. CVIII. — Dégâts du *Sitophilus orizæ* (Col.) dans les grains de maïs, 1846, Bull., p. CX. — Sur le *Bostrichus dactyliperda* (Col.) des noyaux de dattes, 1846, Bull., p. C. — Larves de *Saperda populnea* (Col.) attaquant le tremble, 1846, Bull., p. XLVIII. — Dégâts causés par l'*Aphis tiliæ* (Hémipt.), 1860, t. XIII, 3e série, Bull., p. LXXIV. — Sur la *Braula cæca*, Diptère parasite des Abeilles, 1850, t. VIII, 2e série, Bull., p. LXIX. — Ravages de l'*Anthonomus rubi* (Col.) sur les fraisiers, 1851, t. IX, 2e série, Bull., p. CXIV. — Dégâts du *Dendroctonus piniperda* (Col.), 1850, t. VIII, 2e série, Bull., p. XLVIII et CXII. — Dégâts du *Lophyrus pini* (Hym. tenthr.), 1852, t. X, 2e série, Bull., p. XXXIX. — Ravages de l'*Atomaria linearis* (Col.), 1854, t. II, 3e série, Bull., p. XXXIX. — Dégâts causés aux pavots industriels par le *Ceuthorhynchus*

Raphaelensis (Col.), 1860, t. VIII, 3ᵉ série, Bull., p. LXVI. — Dégâts causés par le *Diplorhopterum fugax* (Hym. Form.) dans les chocolats en magasin. — Dégâts causés par la chenille de l'*Yponomeuta cognatella*, 1859, 3ᵉ série, t. VII, Bull., p. CXV.— Dégâts causés aux haricots par le *Blaniulus guttulatus* (Myriap.), 1861, t. I, 4ᵉ série, Bull., p. XIX. — (Et Amyot.) Dégâts causés par la *Gracillaria syringella*, 1861, Bull., p. XXVI, XXIX, XXX, XLII. — Tentative d'éducation de la *Melipona scutellaris* (Hym.) à Paris, 1861, Bull., p. XXXVII. — (Et M. de Laferté-Sénectère.) Dégâts du *Lecanium vitis*, 1863, t. III, 4ᵉ série, Bull., p. XXII. —Dégâts causés aux marronniers roses par le *Liparis chysorrhea* (Lép.), 1863, Bull., p. XXII.—(Et M. Azambre, Amyot, M. Guérin-Méneville.) Maladie des feuilles de tilleul dues à des Acariens, 1855, t. III, 3ᵉ série, Bull., p. LXII, LXIII, LXIV. — Acariens nuisant au *Camelia japonica*, 1864, 4ᵉ série, t. IV, Bull., p. LIV. — (Et M. Reiche.) Sur les *Acridium peregrinum* (Orth.) en Algérie, 1864, Bull., p. XXVIII. — Sur le *Lophyrus pini* (Hym.) et son parasite, 1864, p. 215. —Ravages de l'*Acridium peregrinum* en Syrie, 1865, 4ᵉ série, t. V, Bull., p. XXXII. — Chenilles du *Bombyx pityocampa* sur les cèdres en Algérie, 1853, t. I, 3ᵉ série, Bull., p. X. — Dégâts de l'*Acanthophorus serraticornis* (Col.), 1854, t. II, 3ᵉ série, Bull., p. XLVII. — Dégâts causés dans les planches de bois par les *Anobium* (Col.), 1854, Bull., p. XXXIV. — Dégâts de l'*Halticus pallicornis* (Hémipt.) sur les pois et les haricots, 1854, Bull., p. XXXI. — Dégâts produits sur les peupliers par le *Buprestis plebeja* (Col.), 1856, t. IV, 3ᵉ série, Bull., p. XCVI. — Sur les effets de la piqûre de l'*Androctonus funestus* (Arach.) en Algérie, 1856, Bull., p. XV.—(Et M. Mégnin.) Sur un *Ixodes* causant une maladie pustuleuse chez le cheval, 1866. LVII.

Voir les travaux du même auteur (7), page 17.

(16) **Amyot.** — Ravages des Acridiens en Chine, Ann. Soc. Ent., 1ʳᵉ série, t. V, Bull., p. XLI. — Sur une poudre chimique à répandre dans les champs, Ann. Soc. Ent., 1847, Bull., p. XLIV. — Sur l'emploi de la Cétoine dorée contre la rage, Ann. Soc. Ent., 1851, Bull., p. XLIV. — Note sur les mœurs et sur les ravages de la *Tipula* (*Cecidomya*) *tritici*, Ann. Soc. Ent, 2ᵉ série, t. IX, 1851, Bull., p. LVI, et 1855, t. III, 3ᵉ série, Bull., p. CIV. — (Et M. Sichel.) Sur la Cécidomye du froment et son parasite, Ann. Soc. Ent., 1856, 3ᵉ série, t. IV, Bull., p. VIII. — Sur les

moyens de s'opposer aux dommages causés par l'Alucite des blés, Ann. Soc. Ent., 1852, t. X, 2e série, Bull., p. VI. — Histoire de la Teigne syringelle (espèce nuisible aux lilas), Ann. Soc. Ent., 1864, 4e série, t. IV, p. 5. — Note sur les insectes nuisibles, Ann. Soc. Ent., 1851, Bull., p. XXXVI. — Sur les dégâts des Scolytes des pins (Col.) et les moyens d'y remédier, Ann. Soc. Ent., 1851, Bull., p. CXVIII. — Sublimé corrosif impuissant à empêcher les attaques des *Anobium* (Col.), Ann. Soc. Ent., 1851, Bull., p. CXV.

(17) **M. Laboulbène.** — Sur la *Cochylis roserana* (Lép.) nuisible à la vigne, Ann. Soc. Ent., 1857, 3e série, t. V, Bull., p. XC. — (Et M. Lespès.) Sur les Termites lucifuges du S.-O. de la France, Ann. Soc. Ent., 1860, 3e série, t. VIII, Bull., p. CV. — Sur les insectes qui attaquent le colza, Ann. Soc. Ent., 1857, t. V, 3e série, p. 791. — Ravages de l'*Acridium migratorium* (Orth.), Ann. Soc. Ent., 1858, Bull., p. CLX et p. 866. — Sur les parasites de l'*Hadena brassicæ* (Lép.), Ann. Soc. Ent., 1861, t. I, 4e série, p. 612. — (Et M. Linder.) Dégâts de l'*Otiorhynchus sulcatus* (Col.), Ann. Soc. Ent., 1861, Bull., p. XXXVII. — (Et Jacquelin du Val.) Dégâts de la *Cecidomia brassicæ* (Dipt.), Ann. Soc. Ent., 1857, t. V, 3e série, Bull., p. XC et XCI. — Note sur le *Blaniulus guttulatus* (Myriap.) nuisant aux fruits, Ann. Soc. Ent., 1862, t. II, 4e série, Bull., p. XLV. — Sur les insectes des truffes, Ann. Soc. Ent., 1864, 4e série, t. IV, p. 69, 95, 99. — Sur les insectes tubérivores à propos d'une note erronée de M. Valserres, Ann. Soc. Ent., 1865, 4e série, t. V, Bull., p. LXII et LXIII. — Sur la préparation des petits insectes et la préservation des collections, Ann. Soc. Ent., 1866, 4e série, t. VI, p. 581.

(18) **M. Aubé.** — Note sur les inconvénients qui peuvent résulter des défauts de croisement dans la propagation des espèces animales, Bul. Soc. Zool. d'Acclim., 1857, 1re série, t. IV, p. 509. — Dégâts causés par l'*Hylurgus betulæ* (Col.), Ann. Soc. Ent., 1838, t. VII, 1re série, Bull., p. LVI. — Description d'un nouveau Thérentome, Ann. Soc. Ent., 1839, t. VIII, 1re série, Bull., p. V. — Observations sur les Vers à soie (influence de la nourriture sur les sexes), Ann. Soc. Ent., 1844, t. II, 2e série, Bull., p. LXXXVI. — (Et M. Bigot.) Note sur la poudre insecticide de Pyrèthre, Ann. Soc. Ent., 1860, 3e série, t. VIII, Bull., p. XXI. — Note sur les moyens d'améliorer les races de Vers à soie (lue à la séance du 28 juin 1854 de la Soc. Ent.). — Réflexions sur

un mémoire de M. Focillon sur les insectes nuisibles aux colzas, Ann. Soc. Ent., 1852, t. X, 2e série, Bull., p. LXXXIII. — Note sur un appareil à nourrir les Abeilles, Ann. Soc. Ent., 1853, t. I, 3e série, Bull., p. XXII.

(19) **M. Coquerel** (*). — Sur la soie du *Bombyx Radama*, Ann. Soc. Ent., 1854, t. II, 3e série, Bull., p. LXVI. — Sur deux Bombyx séricigènes de Madagascar, Ann. Soc. Ent., 1855, t. III, 3e série, p. 529, et Bull. Soc. Zool. d'Accl., 1855, t. II, 1re série, p. 25. — Sur la *Lucilia hominivorax* (Dipt.), sa larve et les accidents produits chez l'homme, Ann. Soc. Ent., 1858, t. VI, 3e série, p. 171. —Sur l'*Idia Bigoti* (Dipt.) et sa larve dans des furoncles chez l'homme, Ann. Soc. Ent. — (Et M. Mondière.) Larves de Diptères dans des tumeurs humaines, Ann. Soc. Ent., 1862, t. II, 4e série, p. 69. — Mœurs et ravages des *Oryctes* (Col.) à Madagascar, Ann. Soc. Ent., 1855, t. III, 3e série, p. 167. — Ravages à l'île de la Réunion des *Oryctes insularis* et *tarandus*, Ann. Soc. Ent., 1866, t. VI, 4e série, p. 334. — Des Bombyx producteurs de soie à Madagascar, Ann. Soc. Ent., 1866, p. 341. — (MM. Signoret, P. Gervais.) Sur les insectes nuisibles à divers végétaux, Ann. Soc. Ent., 1866, Bull., p. XIX. —Sur les Bombyx qui produisent la soie à Madagascar, Bull. Soc. Zool. d'Acclim., janvier 1866. — (Et M. Vinson.) Note sur les Vers à soie de Madagascar qui pourraient être acclimatés à la Réunion, Bull. Soc. d'Acclim. et d'Hist. nat. de la Réunion, 1863, p. 16, pl. 1.

(20) **M. Sallé.** — Sur le *Bombyx psidii* et la soie sauvage du Mexique, Ann. Soc. Ent., 1857, t. V, 3e série, p. 15.

(21) **M. Vinson.** — Du Ver à soie de Madagascar *(Borocera Cajani)*, Bull. Soc. Zool. d'Acclim., t. VI, 1er sem., août 1863. — Note

(*) Une triste et douloureuse nouvelle nous arrive : M. Coquerel, médecin de la marine, directeur de l'hôpital de Saint-Denis (île de la Réunion), vient de mourir, le 12 avril 1867, à l'âge de 44 ans, à Salazie (Réunion), dans ces lointains parages où il était retourné, se préparant à de nouvelles conquêtes scientifiques. La Société connaît toute l'intelligence et le savoir du collègue dont elle déplore la perte. Nos séances ont permis maintes fois d'apprécier son jugement et l'étendue de ses connaissances dans des discussions pleines d'intérêt et de précieux renseignements; nos Annales contiennent des mémoires nombreux et remarquables dont il est l'auteur. M. Coquerel préparait une faune entomologique de la Réunion et des îles voisines qui devait compléter les travaux sur ce sujet de MM. Boisduval, Maillard, Vinson. Une notice détaillée, dont M. L. Fairmaire a bien voulu se charger, permettra à la Société de mesurer toute l'étendue de la perte qu'elle vient de faire et ne pourra qu'ajouter à la douleur commune.

sur le Ver à soie de l'ambrivate, C. R. Acad. des Sciences, 1863, 1er sem., p. 534, séance du 23 mars.

(22) **MM. Bazin.** — C. Bazin. Notice sur la Cécidomye du froment et ses parasites, br. in-8°, Paris, Librairie agricole et Deyrolle, 1856. — A. Bazin. Insectes qui dévorent le blé de semence (Journal d'Agr. pratique, 20 mai 1854); Insectes détruisant les betteraves (*Atomaria linearis*, Col.) (Journal d'Agric. pratique, 20 octobre 1854). — C. et A. Bazin. Maladies de diverses plantes causées par les insectes; moyens curatifs de ces maladies; animaux destructeurs des insectes nuisibles (Cosmos, 3e année, t. V, août 1854, p. 170, 174, 179). — C. Bazin. Dégâts de la *Cecidomya* (*Tipula*) *tritici*, Ann. Soc. Ent., 1855, t. III, 3e série, Bull., p. CIII.

(23) **M. Millière.** — Éducation en plein air de l'*Attacus cecropia*, Ann. Soc. Ent. de France, 1852, 2e série, t. X, Bull., p. LXIV.

(24) **M. Reiche.** — Déterioration de bouchons de liége par une chenille de Microlépidoptère, Ann. Soc. Ent., t. I, 3e série, 1853, Bull., p. VII. — Entomologie appliquée à résoudre quelques difficultés commerciales, Ann. Soc. Ent., 1856, 3e série, t. IV, Bull., p. XLVII, et 1858, t. VI, Bull., p. CCXXIII. — Note sur les moyens propres à conserver les collections d'histoire naturelle, Ann. Soc. Ent., 1858, 3e série, t. VI, Bull., p. CLXXIV et CLXXVI. Sur la maladie des Vers à soie au Bengale, Ann. Soc. Ent., 1859, 3e série, t. VII, Bull., p. CXIX. — Remarques sur l'application de l'entomologie au commerce, Ann. Soc. Ent., 1860, 3e série, t. VIII, p. 331. — Note sur la destruction des insectes nuisibles, Ann. Soc. Ent., 1862, t. II, 4e série, Bull., p. XLVI.

(25) **M. L. Fairmaire.** — Ann. Soc. Ent. de France : Dégâts causés par la chenille du *Lycæna betica*, 1859, 3e série t. VII, Bull., p. CLXXVIII. — Note d'entomologie appliquée sur les *Galles de Chine*, 1860, t. VIII, 3e série, Bull., p. LXV. — (Et M. Cussac.) Ravages des larves de *Silpha opaca* (Col.), 1857, 3e série, t. V, Bull., p. LXXIII. — *Coccus* produisant de la cire, 1860, t. VIII, Bull., p. LXV. — Note d'entomologie appliquée, 1860, Bull., p. LXV. — (Et M. Brémi.) Sur des collections de dégâts d'insectes nuisibles, 1850, t. VIII, 2e série, Bull., p. V. — Sur des larves de Mouches ayant vécu à l'intérieur dans l'espèce humaine, 1851, t. IX, 2e série, Bull., p. CIX. — Note sur les Méloés proposés pour le traitement de la rage, 1856, t. IV, 3e série, Bull., p. LXXVII.

(26) **M. Mocquerys.** — Sur les Coléoptères nuisibles et utiles placés à l'Exposition universelle de 1855, Ann. Soc. Ent., 3e série, t. IV, 1856, p. 731. — Note sur les insectes nuisibles, op. cit., 2e série, t. IX, 1851, Bull., p. CII. — Singulier emploi de l'*Œcodoma cephalotes* (Hymén. Form.) pour la guérison des plaies, Ann. Soc. Ent., 1844, 2e série, t. II, Bull., p. LXVII. — Sur le *Cerambyx cerdo* attaquant les pommiers, Ann. Soc. Ent., 1855, t. III, 3e série, Bull., p. CII. — Note sur l'entomologie appliquée à l'agriculture et aux arts, Ann. Soc. Ent., 1857, t. V, 3e série, Bull., p. LXXI.

(27) **Frère Milhau.** — Série d'articles sur les insectes nuisibles ou utiles à l'agriculture publiés dans l'*Encyclopédie pratique de l'Agriculture* (*).

(28) **M. Bellier de la Chavignerie.** —Rapport sur les dégâts causés aux oliviers par la chenille de l'*Elachista olivella* (Microlép.), Ann. Soc. Ent., 1847, t. V, 2e série, Bull., p. LI. — Rapport sur la Muscardine, 1847, Bull., p. LXVI. — Dégâts des chenilles et rapport sur l'échenillage et la nécessité de l'exécution stricte de la loi, Ann. Soc. Ent., 1848, t. VI, 2e série, Bull., p. LXII et LXXIV. — Dégâts dans les vignes du *Lecanium* (*Kermes*) *vitis* (Hémip.), Ann. Soc. Ent., 1854, 3e série, t. II, Bull., p. XLII.— (Et autres.) Dégâts de la *Cecidomya fagi* (Dipt.), Ann. Soc. Ent., 1857, t. V, 3e série, Bull., p. CXVI et CXVII. — (MM. Reiche, Lucas, Desmarest.) Ravages des chenilles de l'*Orgya pudibunda* (Lép.) dans l'Est de la France, 1848, Bull., p. LXII et LVII. — Impression sur papier de Lépidoptères, Ann. Soc. Ent., 1848, Bull., p. XLIX. — Ravages des chenilles de *Liparis chrysorrhea* et *Lithosia quadra*, Ann. Soc. Ent., 1852, 2e série, t. X, Bull., p. XXV et XXXVIII. — Procédé pour la conservation du corps des Lépidoptères, Ann. Soc. Ent., 1851, t. IX, 2e série, Bull., p. LXXVIII.

(*) Entre l'époque où fut prononcé ce discours et son impression, la Société entomologique a eu la douleur d'apprendre la mort du frère Milhau, à la fin de février 1867. Cette perte est grande au point de vue de l'entomologie appliquee, sans nous occuper ici des autres titres de l'homme de bien à l'estime publique. Frère Milhau a envoyé à l'Exposition universelle de 1867 une collection d'insectes utiles et nuisibles et de leurs dégâts, plus complète encore qu'aux Expositions précédentes. Il avait reçu à ce sujet une lettre très-encourageante de M. le Ministre de l'Instruction publique.

(29) **M. E. Deyrolle.** — Sur un appareil injecteur de soufre en vapeur, Ann. Soc. Ent., 1866, 4ᵉ série, t. VI, Bull., p. LIV.

(30) **Audinet-Serville.** — Ravages de l'*Acridium peregrinum* en Algérie, Ann. Soc. Ent., 1845, t. III, 2ᵉ série, Bull., p. CXV.

M. Azambre (et M. Sichel).— Des moyens à employer pour détruire les *Acarus,* Ann. Soc. Ent., 1856, t. IV, 3ᵉ série, Bull., p. XVI et XVII. — Dégâts du *Cossus ligniperda* (Lép.), Ann. Soc. Ent., 1856, Bull., p. VII.

M. Balbiani. — Diverses communications, Ann. Soc. Ent. France, 1865-1866, sur la maladie des Vers à soie, et recherches microscopiques sur leur embryogénie.

Becker. — Impression de Lépidoptères, Ann. Soc. Ent., 1851, t. IX, 2ᵉ série, Bull., p. CXII. — Lépidoptères fixés sur verre, Ann. Soc. Ent., 1852, t. X, 2ᵉ série, Bull., p. LXXIX.—Dégâts causés par les chenilles du *Sphinx* (*Acherontia*) *atropos*, Ann. Soc. Ent., 1854, t. II, 3ᵉ série, Bull., p. VIII.

Blisson. — Mémoire sur la destruction des Fourmis (Mém. de la Soc. royale et cent. d'Agriculture de Paris, 1846). — Mémoire sur les chenilles des Sésies. Ann. Soc. Ent., 1846, 2ᵉ série, t. IV, p. 207. — (Et M. Aubé.) Sur le Thérentome, Ann. Soc. Ent., 1ʳᵉ série, 1838, t. VII, Bull., p. XXII, et 1839, t. VIII, Bull., p. X.

Boyer de Fonscolombe.—Sur les Kermès des environs d'Aix, Ann. Soc. Ent., 1ʳᵉ série, t. III, 1834, p. 201.—Insectes qui attaquent l'Olivier, 1ᵉʳ mém., op. cit., 1ʳᵉ série, 1837, t. VI, p. 179; 2ᵉ mém., op. cit., 1ʳᵉ série, 1840, t. IX, p. 101.—Sur les *Œcophora oleella* et *Elachista olivella* (Lépid.), op. cit., 1851, Bull., p. XVII et LV. — Description des Pucerons qui se trouvent aux environs d'Aix (avec indication des ravages de plusieurs espèces), Ann. Soc. Ent., 1ʳᵉ série, t. X, 1841, p. 157.

Brême (de). — Note sur le genre *Ceratitis* (Dipt.) et ses dégâts sur les oranges et les citrons, Ann. Soc. Ent., 1842, 1ʳᵉ série, t. XI, p. 183.

M. Brullé. — Navets ravagés par les Altises, Ann. Soc. Ent., 1835, t. IV, 1ʳᵉ série, Bull., p. VIII. — Ravages de l'*Eumolpus vitis* (Col.), op. cit., 1837, t. VI, Bull., p. LVIII.

M. Mareau (et MM. Guérin-Méneville et Sichel). — Ravages des chenilles de *Pieris brassicæ,* Ann. Soc. Ent., 1855, t. III, 3e série, Bull., p. XCV.

M. Chevrolat. — Ravages des larves de *Silpha obscura* (Col.), Ann. Soc. Ent., 1857, t. V. 3e série, Bull., p. LXXIII. — Dégâts de la *Crepidodera cicatrix* (Col.), Ann. Soc. Ent., 1860, t. VIII, 3e série, Bull., p. XXXIII.

Coulon. — Ravages des larves de *Noctua segetis* (Lép.) et *Galeruca tanaceti* (Col.), Ann. Soc. Ent., 1834, t. III, 1re série, Bull., p. XIX.

M. Daube. — Ravages du *Colaspis barbara* (Col.), Ann. Soc. Ent., 1836, 1re série, t. V, Bull., p. XLV. — Ravages de l'*Altica oleracea* (Col.) dans les vignes, op. cit., Bull., p. XLVI. — Mêmes sujets, 1837, t. VI, Bull., p. XLIX.

Dejean. — Destruction spontanée d'insectes nuisibles, Ann. Soc. Ent., 1839, t. VIII, Bull., p. XLI.

M. Desmarest. — Résumé et appréciation des travaux relatifs à l'emploi de la *Cetonia aurata* (Col.) pour la guérison de la rage, Ann. Soc. Ent., 1851, t. IX, 2e série, Bull., p. XLIV.

A. Deyrolle. — Amas d'insectes produisant des fièvres pestilentielles, Ann. Soc. Ent., 1847, Bull., p. XCVII. — Dégâts des larves de *Cleonus* (Col.), Ann. Soc. Ent., 1859, t. VII, 3e série, Bull., p. CXCIII. — Stéréoscope appliqué aux insectes, Ann. Soc. Ent., 1852, t. X, 2e série, Bull., p. XXVI. — Sur le Thérentome, Ann. Soc. Ent., 1857, t. V, 3e série, Bull., p. XXXI.

Divers auteurs.—Ann. Soc. Ent. de France : Larves rejetées par des sujets humains malades, 1836, t. V, 1re série, Bull., p. LXXIV. — Sur les *Coccus* cérifères du Brésil, 1848, t. VI, 2e série, p. 139 (mém. publié par la Société entomologique vu son importance, quoique l'auteur (M. Chavanne) ne fût pas de ses membres). — Notes sur la poudre insecticide de pyrèthre, 1860, t. VIII, 3e série, Bull., p. XXI. —Notes sur les larves de *Ceratitis* (Dipt.) dévorant les oranges, 1859, t. VII, 3e série, Bull., p. XXVI et XXVII. — Discussion au sujet des insectes nuisibles, 1851, t. IX, 2e série, Bull., p. XXXV. — Ravages causés par les chenilles aux environs de Paris, 1864, 4e série, t. IV, Bull., p. XXIV et XXV. — Mort d'une femme résultant de la piqûre d'une Mouche, 1864, Bull.,

p. xxxv, xxxvi, xxxvii. — Sur l'exposition des insectes utiles et nuisibles, 1865, t. V, 4e série, Bull., p. xlviii. — Emploi de l'acide phénique contre les insectes nuisibles, 1865, Bull., p. vi. — Sur les perforations des insectes, 1857, t. V, 3e série. Bull., p. ci et cii.

M. Dor. — Ravages de l'*Acridium* (*Œdipoda*) *migratorium* en Suisse, Ann. Soc. Ent., 1858, Bull., p. ccxxiv.

M. Doüé. — Passage et ravages de nuées de Pucerons, Ann. Soc. Ent., 1847, t. V, 2e série, Bull., p. lxxiv. — (Et M. Blanchard.) Objets d'écaille attaqués par l'*Anthrenus pimpinellæ* (Col.), Ann. Soc. Ent., 1851, t. IX, 2e série, Bull., p. xv.

C. Duméril. — Sur les éducations à Paris et les métis des *Attacus cynthia* et *arrindia*, Ann. Soc. Ent., 1859, 3e série, t. VII, Bull., p. cxciv.

Duponchel (et Desjardins). — Ravages de l'Alucite xylostelle (Lépid.), Ann. Soc. Ent., 1837, t. VI, 1re série, p. 229 et 235.

M. Fallou.—Emploi de l'eau pulvérisée dans l'éducation des chenilles, Ann. Soc. Ent., 1866, 4e série, t. VI, Bull., p. xliii.

Feisthamel. — Sur la destruction des arbres du parc de Vincennes attribuée aux Scolytes, Ann. Soc. Ent., 1re série, 1837, t. VI, p. 393.

M. Gervais (Paul). — Détails sur les mœurs des Abeilles, Ann. Soc. Ent., 1849, 2e série, t. VII, Bull., p. lxxxiv. — Note au sujet d'insectes soi-disant développés dans les sinus frontaux et les narines de l'homme, Ann. Soc. Ent., 1862, t. II, 4e série, Bull., p. xxxviii et p. xxxix.

M. Gervais d'Aldin. — Emploi du silicate de potasse pour les collections entomologiques, Ann. Soc. Ent., 1862, t. II, 4e série, Bull., p. xlvii.

M. Ghiliani. — Sur les mœurs des Mélipones, Ann. Soc. Ent., 1847, t. V, 2e série, Bull., p. xxxix.

M. Girard. — Ann. de la Soc. Ent. de France : Ravage des oseilles par l'*Apion pisi*, 1859, t. VII, 3e série, Bull., p. cxxi. — Ravages des betteraves par l'*Epicauta adspersa* (Col.), 1860, t. VIII,

3ᵉ série, Bull., p. LXXIII. — Notes sur les Abeilles, 1860, Bull., p. LXXIX, et 1861, 4ᵉ série, t. I, Bull., p. XXXVII. — Emploi de divers liquides et en particulier du sulfure de carbone pour conserver les collections entomologiques, 1861, p. 623. — Larves d'insectes employées comme amorces pour la pêche, 1862, 4ᵉ série, t. II, p. 351. — (Et M. J. Pinçon.) Sur une éducation de l'*Attacus Ya-ma-maï*, 1863, 4ᵉ série, t. III, Bull., p. XXXIV, XXXVI, XXXVII. — Sur les ravages de la *Tortrix viridana* (Lép.), 1863, Bull., p. XXXII, et (avec M. Fallou) 1865, 4ᵉ série, t. V, Bull., p. XXXI. — Sur les ravages de diverses chenilles aux environs de Paris, 1864, 4ᵉ série, t. IV, Bull., p. XXV. — (Et M. Aubé.) Sur la nécessité des croisements, 1865, 4ᵉ série, t. V, Bull., p. IV et V. — Sur les éducations de Vers à soie japonais à Scutari, 1866, t. VI, 4ᵉ série, Bull., p. XI. — Charbon résultant de la piqûre d'un Diptère, 1866, Bull., p. XI. — Notes diverses sur la sériciculture, 1866, p. 427. — Sur l'emploi des poulaillers roulants pour combattre les ravages des larves de Hannetons, 1866, p. 570. — Remarques sur l'injecteur de vapeur de soufre, 1866, Bull., p. LIV.

Note sur les Écrevisses et leur reproduction pour l'usage alimentaire, Bull. Soc. Zool. d'Acclim., 1860, 1ʳᵉ série, t. VII, p. 187. — Sur les Abeilles, Cosmos, 1860, t. XVII, p. 260. — Sur le *Sericaria mori* (Ver à soie), conférence au Jardin d'Acclimatation, Bull. Soc. Zool. d'Acclim., 1862, t. IX, 1ʳᵉ série, p. 903 et 1050. — Les Auxiliaires du Ver à soie, même Bull., 1864, 2ᵉ série, t. I, p. 229, 308, 383 et 444, et br. in-8°, Paris, 1864, J.-B. Baillière et fils.

M. Goossens. — Du phénol pour la conservation des collections entomologiques, Ann. Soc. Ent., 1866, 4ᵉ série, t. VI, p. 597. — Notice sur la préparation des chenilles, Ann., Soc. Ent., 1865, t. V, 4ᵉ série, p. 493.

M. Graëlls (et M. Fairmaire). — Sur la propriété venimeuse de la Malmignate (Arach.), Ann. Soc. Ent., 1842, p. 205.

M. Guenée. — Sur le nécrentome, Ann. Soc. Ent., 1838, 1ʳᵉ série, t. VII, Bull., p. XXVII. — Emploi du nécrentome pour les collections, Ann. Soc. Ent., 1862, 4ᵉ série, t. II, p. 381. — (Et Becker.) Sur le décalquage des insectes, Ann. Soc. Ent., 1850, t. VIII, 2ᵉ série, Bull., p. XXVII et XXIX.

M. Jourdheuil. — Dégâts causés par la chenille du *Bombyx processionea* (Lép.), Ann. Soc. Ent., 1861, t. I, 4e série, Bull., p. VIII.

M. Lacerda (de). — Sur les éducations de Vers à soie à Bahia (Brésil), Ann. Soc. Ent., 1860, t. VIII, 3e série, Bull., p. LXIX. — Dégâts causés aux caféiers par l'*Elachista coffeella* (Lép.), Ann. Soc. Ent., 1861, t. I, 4e série, Bull., p. XXIX.

M. Leprieur. — Sur l'alcool arsénié pour conserver les collections entomologiques, Ann. Soc. Ent., 1861, t. I, 4e série, p. 75.

M. Lespès. — Sur les Termites, Ann. Soc. Ent., 1856, t. IV, 3e série, Bull., p. LXXIX.

Macquart. — Ravages de l'*Atomaria linearis* (*Cryptophagus bettæ*) dans le Nord de la France (Ann. des Sciences natur., 1re série, t. XXIII, p. 93). — Sur un Puceron du blé (Ann. des Sciences natur., 1re série, 1831, t. XXII, p. 468). — Sur les dégâts causés aux betteraves par la larve de l'*Elater segetis* (Col.), Ann. Soc. Ent., 2e série, t. V, 1847, Bull., p. XLIV, et de l'*Altica oleracea* (Col.), Bull., p. LXXXI. — Sur les ravages de l'*Atomaria linearis* (*Cryptophagus*, Col.) dévastant les betteraves, Ann. Soc. Ent., 1847, Bull., p. L.

M. Naysser. — Dégâts causés par le *Coccus hesperidum* (Hémip.) et remède proposé, Ann. Soc. Ent., 1865, t. V, 4e série. Bull., p. LV.

M. Norguet (de). — Dégâts causés par la *Gracillaria syringella* (Microlép.), Ann. Soc. Ent., 1861, t. I, 4e série, Bull., p. XLI.

M. Paris. — Sur la *Lycosa saccata* (Arach.) détruisant la Pyrale de la vigne, Ann. Soc. Ent., 1862, 4e série, t. II, Bull., p. XIX. — Accidents causés par les piqûres des insectes, Ann. Soc. Ent., 1865, 4e série, t. V, Bull., p. XI. — Extraction d'un *Cysticercus* (Helm.) des tissus de l'œil humain, Ann. Soc. Ent., 1866, 4e série, t. VI, Bull., p. XI.

Passerini. — Sur le *Lixus angustatus* (Col.) nuisant aux fèves, Ann. Soc. Ent., 1852, t. X, 2e série, Bull., p. XLIX.

M. Peragallo. — Ravages des oliviers par le *Cionus fraxini* (Col.), Ann. Soc. Ent., 1866, Bull., p. XLV.

Pierret. — Ann. de la Soc. Ent. de France : Dégâts du *Scolytus pygmæus* (Col.), 1841, 1re série, t. X, Bull., p. XXVI. — Sur la soie filée du Bombyx du pin, 1842, 1re série, t. XI, Bull., p. XXVII. — Ravages exercés par les chenilles des *Pieris cratægi*, *brassicæ* et *rapæ* (Lép.), 1846, 2e série, t. IV, Bull., p. XLIII.

M. Pradier. — Communication d'entomologie appliquée, Ann. Soc. Ent., 1858, Bull., p. CVIII.

M. Rattet. — Ravages de la chenille du *Bombyx processionea*, Ann. Soc. Ent., 1865, t. V, 4e série, Bull., p. XXVII.

M. Rautou. — Sur l'éducation des Vers à soie, Ann. Soc. Ent., 1858, t. VI, 3e série, Bull., p. CCLI.

Robineau-Desvoidy. — Larves de l'*Aglossa pinguinalis* (Lép.) et larves de diverses Muscides chez l'homme, Ann. Soc. Ent., 1849, 2e série, t. VII, Bull., p. XVIII et XIX. — Ravages des chenilles d'*Orgya pudibunda* (Lép.) dans l'Est de la France, et de *Tortrix viridana* (Microlép.), 1849, Bull., p. XIV.

Rouzet. — Rapport sur l'échenillage, Ann. Soc. Ent., 1848, 2e série, Bull., p. LX. — Sur l'*Otiorhynchus raucus* (Col.) rongeant les feuilles de poirier, op. cit., 1852, 2e série, Bull., p. XXXIV. — Ravages causés par la chenille de *Noctua malinella* (Lép.), op. cit., 1856, 3e série, Bull., p. LXIV. — (Et M. Lucas.) Ravages des fraises par le *Blaniulus guttulatus* (Myriap.), 1849, 2e série, Bull., p. LVIII.

M. Sichel (et M. Azambre). — Sur une larve de *Sarcophaga carnaria* extraite de l'angle de l'œil, Ann. Soc. Ent., 1857, t. V, 3e série, Bull., p. XLIX.

Solier. — Apparition d'Orthoptères (Acridiens dévastateurs) dans les environs de Marseille, Ann. Soc. Ent., 1re série, t. II, 1833, p. 486.

M. Waga. — Dégâts occasionnés aux greffes des arbres fruitiers par le *Polydrusus* (*Phyllobius*) *oblongus* (Col.), Ann. Soc. Ent., 1839, 1re série, t. VIII, Bull., p. VIII. — Sur les dégâts du *Pezotettrix pedestris* (Orthopt.), Ann. Soc. Ent., 1857, Bull., p. CXXVIII. — Sur les ravages du *Jassus vastator* (Hémipt. Homopt.) dans les céréales, Ann. Soc. Ent., 1857, t. V, 3e série, Bull., p. CXXVI. — Sur les effets de la poudre persane pour la destruction de la *Blatta germanica* (Orth.), Rev. et Mag. de Zool., 1859, t. IX, p. 505-510.

Walkenaer. — Recherches sur les insectes nuisibles à la vigne et sur les moyens de s'opposer à leurs ravages, Ann. Soc. Ent., 1re série, 1835, t. IV, p. 687, et 1836, t. V, p. 219.

Villiers (de). — Conservation des collections entomologiques, Ann. Soc. Ent., 1838, 1re série, t. VII, Bull., p. x.

Yersin. — Sur le *Pachytylus* (*Ædipoda, Acridium*) *migratorius* (Orth.), Biblioth. univ. de Genève, Arch. Sciences phys. et natur., LXIIIe année, t. III, p. 267, 1858.

(31) En effet, ce discours n'a précédé que de peu de jours la reprise des efforts déjà tentés, lors de l'Exposition des Insectes de 1865, pour la fondation d'une Société uniquement destinée à l'entomologie appliquée. Dans le numéro du journal l'*Apiculteur*, de février 1867, était insérée l'annonce de la prochaine publication de l'*Insectologie agricole*, journal mensuel, rédigé par MM. Boisduval, Focillon, Guézou-Duval, Hamet, Pouchet, E. Robert, Deyrolle fils. Dans le premier numéro de ce journal, mis en vente dès la fin de février 1867, M. Carcenac, président de la Société d'Apiculture, indique une réunion pour le 12 mars courant, afin de s'entendre pour fonder une *Société d'Insectologie agricole*, destinée à chercher les moyens de multiplier les insectes utiles et de détruire les nuisibles, et dont le journal précédent sera l'organe. Dans le projet imprimé des statuts, et par une disposition à laquelle on doit adresser de complètes félicitations, les membres des Sociétés savantes dont le concours est capable d'aider la Société nouvelle peuvent assister à ses réunions.

Cette explication préalable m'a paru nécessaire pour justifier auprès de mes collègues le développement qu'a pris dans les notes annexées à mon discours l'indication des travaux d'entomologie appliquée publiés par nos membres seuls. Avant tout, je dois déclarer qu'on ne peut qu'approuver toute fondation de Société destinée à propager le goût des sciences naturelles, si peu connues dans notre pays, bien que d'une utilité de tous les jours, et qui sont l'objet de tristes comparaisons pour nos concitoyens instruits, en voyant la juste faveur attachée à ces sciences dans la plupart des pays qui nous entourent. Quand plusieurs Sociétés savantes se rencontrent en tout ou en partie dans l'objet de leurs travaux, il ne peut en résulter que l'émulation la plus digne et la plus profitable à tous. Il est pour nous toutefois un juste et actuel intérêt : nous devons hautement faire connaître que les membres de la Société entomologique de France ont toujours eu à cœur de joindre les applications à la science pure, que jamais cette Société n'a refusé un travail d'entomologie appliquée, et que ses Annales contiennent en maints endroits des études de ce genre, dues à des personnes étrangères, en toute occasion où leur utilité est reconnue. Il lui suffirait seulement de disposer méthodiquement les matières pratiques que publient ses Annales pour joindre à ses travaux de science pure un véritable *Annuaire d'Entomopraxie*, nom plus significatif et plus grammatical que celui d'*Insectologie*. On ne saurait trop, d'autre part, annoncer d'une manière précise ce que nous avons déjà publié à ce point de vue, afin de permettre de rendre justice à qui de droit dans les productions nouvelles d'entomologie appliquée qui se préparent, d'éviter, comme cela est souvent arrivé, des oublis et des erreurs donnant lieu, en pure perte pour la science, à des réclamations de priorité.

En outre, si on joint la table précédente, d'une destination spéciale, à la Table générale de nos Annales dont la publication est commencée et au Catalogue qui a paru de notre riche bibliothèque, on ne pourra contester que notre Société, à sa trente-sixième année d'existence, avec des ressources bien administrées, ne puisse justifier des plus utiles services rendus à la science. Elle se trouve ainsi présenter toutes les conditions requises par M. le Ministre de l'Instruction publique pour les Sociétés savantes, qui sont fondées à demander, avec espérance légitime de succès, la reconnaissance d'utilité publique. (Circulaire aux Préfets, du 12 février 1866, Bull. administr. du Minist. de l'Instr. publ. 1866, n° 95.) (*)

(*) D'après la ondition fondamentale de nos publications, je crois avoir à peine besoin de faire remarquer que j'expose dans tout ceci des opinions personnelles.

G.

NOTES GÉNÉRALES

SUR LES

VARIATIONS DES LÉPIDOPTÈRES,

Par M. Robert MAC-LACHLAN.

Traduit de l'anglais avec annotations

par MM. Maurice GIRARD et J. FALLOU.

(Séance du 27 Février 1867.)

Je ferai (1) (*) quelques remarques générales sur les variations dans les Lépidoptères, basées principalement sur les observations concernant les espèces de l'Angleterre. Ce pays, en effet, a été emphatiquement appelé par M. Guenée : « *le pays des variétés,* » et il est bien reconnu que les spécimens anglais sont toujours recherchés par les collectionneurs du continent.

En effet, je ne puis m'empêcher, lorsque je regarde certaines collections parisiennes, de remarquer l'absence des raretés qui sont pour nous les formes typiques de nombreuses espèces. Cette grande richesse en variétés peut être attribuée : d'abord à notre position insulaire (2) ; secondement, à notre climat anomal et variable ; et troisièmement surtout, à la diversité dans la structure géologique de nos îles (3). Par conséquent je mets hors de question la variation sexuelle (4) et aussi les cas appelés « *hermaphrodisme* » ou « *gynandromorphisme* ; » car je les regarde plutôt comme des monstruosités. Ces cas doivent être considérés comme des variations accidentelles, ainsi que celles des espèces qui ont deux générations dans l'année. Dans notre pays les espèces du genre *Selenia* sont des exemples

(*) Pour les notes, voir à la page 81 et suivantes.

du dernier cas, et l'on en trouve un plus remarquable encore sur le continent dans le cas des *Vanessa prorsa.* La variabilité locale est donc le chef sous lequel on doit classer la variation dans l'image ou état parfait.

Plusieurs espèces deviennent plus ou moins foncées en couleur (mélaniennes), lorsqu'on se rapproche du nord de l'Angleterre ou de l'Écosse; la teinte foncée se fait d'autant plus sentir qu'on s'avance davantage vers le Nord. Parmi celles-ci on peut citer : *Spilosoma fuliginosa, S. mendica* (♂), *Liparis monacha, Crocalis elinguaria, Hypsipetes elutata, Melanthia rubiginata, Cidaria testata, C. populata, C. suffumata, Notodonta dromedarius, Ceropacha flavicornis, C. or, C. Duplaris, Acronycta rumicis, Xylophasia rurea, X. polyodon, Luperina testacea, Celena Haworthii, Rusina tenebrosa*; beaucoup d'espèces d'*Agrotis, Noctua festiva, N. neglecta, Trachæa piniperda, Tæniocampa gothica, T. leucographa, T. miniosa, Orthosia lota*; toutes les espèces de *Dianthæcia, Polia chi, Aplecta nebulosa, A. tincta, A. occulta, Hadena adusta, H. dentina, Calocampa vetusta* et aussi beaucoup d'espèces de *Tortrices* et de *Tineinæ.*

Inversement il y a quelques espèces qui deviennent plus pâles à mesure que nous avançons vers le nord de l'Angleterre. Je puis citer à l'appui les *Fidonia* (5) *piniaria*, dont le mâle, qui a les ailes d'un jaune brillant dans les régions du Sud, les a blanches dans celles du Nord, et la *Cidaria corylata*, chez qui, dans les exemplaires du Nord, la bande d'ocre jaune disparaît complétement, et les marques noires sont beaucoup moins remarquables, étant souvent parsemées de taches grises.

On peut citer un autre exemple dans lequel la localité où on rencontre l'insecte change et mêle la variation naturelle des couleurs dans les deux sexes; je fais allusion à l'*Hepialis humuli*, chez qui les caractères de coloration dans les deux sexes sont si bien distincts; mais dans les Iles Shetland on trouve une variété de cette espèce dans laquelle le mâle a la même coloration que la femelle. On rencontre dans les districts du nord de l'Angleterre des variétés tirant sur le noir avec une nuance de fumée, surtout dans le voisinage de Warrington. Mais cela disparaît en s'approchant de ce district du Nord, et ce district paraîtrait être particulièrement affecté à la production des variétés. Je puis mentionner *Epunda viminalis, Amphidasys betularia* (6), *Hypsipetes impluviata, Tephrosia biundularia* et *Cidaria russata*, comme des exemples dans lesquels ces caractères de couleur en fumée prédominent dans cet endroit, et M. Doubleday remarque que les variations des (7) *Arctia caja, Spilosoma menthastri* et *Abraxas grossulariata* sont beaucoup plus fréquentes là que partout ailleurs. Il me semble alors qu'il n'est pas difficile de se figurer que, si ce district était tout à coup isolé, ces formes deviendraient nécessairement bientôt ce que nous appelons *espèces* (8). Beaucoup d'insectes de l'Amérique du Nord sont très-semblables aux nôtres; quelques-uns sont considérés comme identiques; d'autres, possédant quelques différences, sont appelés espèces distinctes. Sûrement il y a là un cas bien évident (9) de *développement progressif.*

Enfin, en laissant encore de côté les Lépidoptères de l'Angleterre, j'ajouterai que ce qui se passe pour les *Rhopalocera* exotiques m'a convaincu de la probabilité de la théorie de ce *développement*; car c'est là que nous avons trouvé la plus grande difficulté à distinguer ce que l'on doit considérer comme espèce de ce que l'on doit considérer comme variété, parce que les différences de localités produisent des formes qui, quoique étroitement unies, présentent cependant des caractères secondaires distincts. Il n'y a pas de doute que l'on ne les désigne bien en les appelant espèces; mais cependant nous ne pouvons pas mettre leur commune origine en doute. En Europe le genre *Erebia* le prouve, et c'est justement celui dans lequel nous espérons trouver une démonstration de nos idées, parce que, comme ces insectes semblent demander une température assez basse, on les trouve naturellement dans les districts montagneux ou sur les pentes des pays environnants, et là, devenus isolés, ils ont les meilleures conditions d'un développement graduel. Pour en revenir à mon sujet, je puis dire qu'il y a quelques espèces anglaises qui présentent, seulement chez les femelles, des formes dimorphiques comme dans les femelles de *Colias edusa* et *Argynnis paphia.*

D'autres encore présentent des variations finales sans rapport avec la localité, surtout dans les espèces du genre *Miana*, plusieurs *Geometridæ*, le genre *Peronea*, etc. Un autre insecte anglais a deux formes qui, quoique je les considère comme ayant une commune origine, sont cependant désignées par des noms distincts, je veux dire le *Lasiocampa quercûs* qui, dans les pays du Nord et dans quelques parties isolées du Sud, offre la forme connue sous le nom de *L. callunæ*, dont les habitudes diffèrent beaucoup de *L. quercûs* et dont les larves affectent certaines différences correspondant à de petites différences dans les adultes. La *Metrocampa margaritaria*, qui a deux générations dans le sud de l'Angleterre, n'en a qu'une en Écosse, et je pense qu'il y a d'autres exemples analogues (10), Tous les lépidoptéristes écossais savent bien que beaucoup d'espèces demeurent habituellement trois ou quatre ans à l'état de chrysalides, quoique dans le Sud cela formerait une véritable exception à la règle dans la même espèce ; ce retard dans le développement doit avoir quelque effet et causer la variété, selon les observations de M. Bellier de la Chavignerie.

J'en viens maintenant à examiner les variations à l'état de larve (11).

J'ai été fort aidé dans ce travail par MM. Hellins et Buckler, dont la compétence est spéciale et reconnue sur cette matière, ce qui me permet de donner d'après eux *in extenso* le tableau suivant :

Vanessa atalanta (espèce). — *Urtica dioïca* (plante nourricière). — Diverses nuances de la teinte du fond (variation de la larve). — C. (*) (image ou état adulte).

V. cardui. — *Carduus*. — Diverses nuances de la teinte du fond ; lignes plus ou moins distinctes et brillantes. — Un peu variable de teinte.

Arge galathea. — *Graminaceæ*. — Ochracée ou verte. — C.

Thecla quercus. — *Quercus*. — Diverses nuances de brun ardent ; verdâtre. — C.

Smerinthus populi. — *Populus, Salix*. — Une ou deux teintes de la couleur verte du fond ; quelquefois plus ou moins tachée de rouge. — Variable de teinte pour la couleur du fond.

Acherontia atropos. — *Solanum tuberosum*. — Brune ou jaunâtre. — C.

Sphinx convolvuli. — *Convolvulus, Impatiens*, etc. — Verte ou brune, etc. — C.

Choerocampa [Deilephila] elpenor. — *Epilobium, Vitis, Fuchsia*, etc. Verte, brune. — C.

Macroglossa stellatarum. — *Galium* de diverses espèces. — Verte, couleur de plomb, brun olive. — C.

Zygæna filipendulæ. — *Lotus corniculatus*. — Verte, vert jaunâtre. — C.

Orgya pudibunda. — Polyphage. — Verte, jaune, brune, blanche ? — C.

Trichiura cratægi. — *Prunus spinosus, Salix, Cratægus*. — Brune, blanche, noire, mouchetée de rouge, etc. — C.

Pæcilocampa populi. — *Populus, Quercus, Salix, Prunus, Betula*, etc. — Brune, bleue, grise, etc. — C.

Saturnia carpini. — *Calluna, Salix, Rubus*, etc. — Tachée de jaune ou de rose. — C.

(*) C. signifie : constant.

RUMIA CRATÆGATA. — *Prunus spinosus.* — Verte, tachetée de rouge brun, grise, tachetée de vert, etc. — C.

ODONTOPERA BIDENTATA. — *Fraxinus, Hedera, Helix,* etc. — Grise, brune, blanche, verte. — Passablement constante.

CROCALLIS ELINGUARIA. — *Salix, Prunus, Cratægus.* — Brune, grise, jaunâtre, ochracée, etc. — Passablement constante.

ENNOMOS FUSCANTARIA. — *Quercus, Ligustrum vulgare.* — Verte, gris brunâtre, etc. — C.

E. ANGULARIA. — *Quercus, Fagus?* — Brunâtre, verte (quelquefois glabre). — Un peu variable.

BISTON HIRTARIUS. — *Salix, Quercus,* etc. — Brun obscur, brun grisâtre, ardoisée. — C.

AMPHIDASIS BETULARIA. — Grisâtre, grise, brune. — Des variétés constantes.

BOARMIA REPANDATA. — *Salix, Rubus, Cratægus,* plantes basses. — Grise, blanchâtre ochrée. — Variable.

B. RHOMBOIDATA. — *Ligustrum, Hedera, Cratægus, Ulmus, Spartium, Vitis, Trifolium, Clematis,* etc. — Brun ardent, rougeâtre, blanc sale; marquée de noir, etc. — Variable.

TEPHROSIA BIUNDULARIA. — *Larix* et ? — Rougeâtre, blanchâtre, ochracé gris. — Variable.

GNOPHOS OBSCURATA. — *Cistus, Sanguisorba, Potentilla,* etc. — Grisâtre, ochracée, noirâtre. — Variable.

HEMITHEA THYMIARIA. — *Quercus* et aussi sur les plantes basses. — Verte, rougeâtre. — C.

HALIA WAVARIA. — *Ribes.* — Verte, brun pourpré. — C.

MACARIA NOTATA. — *Salix, Betula.* — Vert jaunâtre, vert brunâtre, brune, pourprée, etc. — C.

M. LITURATA. — *Pinus.* — Verte, couleur de fumée, etc. — C.

FIDONIA ATOMARIA. — *Calluna* et *Erica.* — Vert pâle, grise, ochracée, brune, rouge rosâtre. — Variable.

LIGDIA ADUSTATA. — *Evonymus europæus.* — Vert clair, brun pâle. — C.

HIBERNIA RUPICAPRARIA (12). — *Prunus, Cratægus, Calluna, Ribes,* etc. — Vert pâle, vert bleu, enfumée. — C.

H. LEUCOPHÆARIA. — *Quercus.* — Blanchâtre, vert pale, vert olive, brunâtre. — Variable.

H. PROGEMMARIA. — *Quercus, Betula, Ulmus, Prunus,* etc. — Couleur chamois pâle, bleu vert, enfumée. — Passablement constante.

CHEIMATOBIA BRUMATA. — *Quercus, Pomus, Cratægus,* etc. — Gris verdâtre pâle, diverses nuances de vert. — C.

OPORABIA DILUTATA. — *Prunus, Acer, Castaneus, Betula, Quercus, Laurus,* etc. — Verte ; verte, couverte de marques rouges. — Variable.

LARENTIA CÆSIATA. — *Vaccinium vitis-idæa.* — Entièrement verte ; d'un beau rouge. — Le plus souvent constante.

L. PECTINARIA. — *Galium.* — Brun foncé, grise, etc. — C.

EMMELESIA DECOLORARIA. — Diverses espèces de *Lychnis.* — Plus ou moins verte. — C.

EMM. ALCHEMILLATA. — *Galeopsis tetrahit.* — Rouge ou brune. — C.

EUPITHECIA LINARIATA. — Fleurs et graines de *Linaria.* — Jaune, verte, brune. — C.

E. PULCHELLATA. — Fleurs et graines de *Digitalis.* — Vert pale, verte, enfumée. — C.

E. CENTAUREATA. — Fleurs de *Senecio, Solidago, Clematis, Saxifraga, Reseda,* etc. — Vert blanchâtre, entièrement verte, jaune, couleur chamois ; avec des marques rouges, pourpres, noirâtres ou vertes. — C.

E. SATYRATA. — Fleurs de plantes basses. — Verte, puce, brune ou marquée de rouge. — Un peu variable.

E. CASTIGATA. — Sur toutes les plantes. — Différentes nuances de brun et de gris. — Presque jamais variable.

E. VIRGAUREATA. — Fleurs de *Solidago* et de *Senecio.* — Rouge brun, brun obscur. — C.

E. TRIPUNCTATA. — Fleurs d'*Angelica.* — Vert pâle, entièrement verte, brun olive, brun foncé. — C.

E. FRAXINATA. — *Fraxinus.* — Entièrement verte ; jaune verte ; puce ; uniformément d'un riche dessin. — C.

E. VULGATA. — *Cratægus,* et aussi des fleurs variées. — Rouge-brun ; olive ; noirâtre, etc. — C.

E. EXPALLIDATA. — Fleurs de *Solidago.* — Jaune, jaune verte ; entièrement verte ; uniformément à riches marques. — C.

E. ABSINTHIATA. — Fleurs de *Senecio, Achillæa, Artemisia, Agrimonia, Centaurea*, etc. — Jaune verte, olive, puce, brune ; avec des marques roses, noirâtres, brunes ou vertes. — C.

E. MINUTATA. — *Calluna vulgaris*. — Verdâtre ; d'un rosé vermeil. — C.

E. ASSIMILATA. — *Ribes nigrum, Humulus*. — Verte, rose, pourprée. — C.

E. NANATA. — *Calluna vulgaris*. — D'un rosé vermeil ; olive, blanche, verte, jaune, etc. — Le plus souvent constante.

E. DODONEATA. — *Quercus*. — Vert-olive, rouge brun. — C.

E. LARICIATA. — *Pinus larix*. — Entièrement verte, puce, brune. — C.

E. EXIGUATA. — *Cornus, Cratægus*. — Entièrement verte, puce. — C.

E. SOBRINATA. — *Juniperus communis*. — Verte, olive, légèrement rouge ; uniformément à dessins ou à lignes rouges ou bruns. — Variable.

E. PUMILATA. — *Clematis, Scabiosa, Agrimonia, Senecio, Potentilla, Spartium*, etc. — Blanchâtre, rosâtre, jaune, brune, pourpre ; uniformément marquée. — Le plus souvent constante.

E. CORONATA. — Fleurs de *Clematis*. — Diverses nuances de vert, d'olive, de brun. — C.

HYPSIPETES ELUTATA. — *Salix capræa*. — Diverses nuances de brun. — Très-variable.

MELANIPPE RIVATA. — *Galium*. — Verte, avec des marques brunes ou rougeâtres. — C.

M. SUBTRISTATA. — *Galium*. — Brune, etc. — C.

M. GALIATA. — *Galium*. — Ochrée pâle, d'un brun obscur ; à marques variables. — C.

M. FLUCTUATA. — Plantes basses. — Brune, verte ; uniformément marquée. — Variable.

ANTICLEA BADIATA. — *Rosa canina*. — Vert pâle ; d'un rouge pourpré. — Un peu variable.

A. BERBERATA. — *Berberis*. — Ochrée ; d'un rouge pourpré. — C.

CHESIAS SPARTIATA. — *Spartium scoparium*. — D'un brun obscur, jaune, etc. — C.

CAMPTOGRAMMA FLUVIATA. — Plantes basses. — Vert jaunâtre, brun verdâtre, brun rougeâtre. — Variable.

SCOTOSIA RHAMNATA. — *Rhamnus catharticus*. — Verte, noire et jaune. — C.

Cidaria russata. — Polyphage. — Verte, vert jaunâtre ; avec une ligne extérieure d'un rouge pourpre. — Variable.

C. silaceata. — *Epilobium.* — Verte ; d'un vert rosâtre. — Variable.

C. prunata. — *Ribes rubrum* et *grossularium.* — Brune ; grise ; vert pâle. — C.

C. populata. — *Vaccinium vitis-idæa.* — Brune ; vert rougeâtre, etc. — Le plus souvent constante.

Notodonta camelina. — *Quercus, Fagus, Corylus.* — Verte ; lilas, rougeâtre. — C.

N. dictæa. — *Salix capræa,* etc. — Verte ; brune. — C.

N. dictæoides. — *Betula.* — Verte ; pourpre. — C.

Xylophasia rurea. — *Graminaceæ.* — Diverses teintes d'ochre, de rougeâtre et de brun sombre. — Variable.

Mamestra brassicæ. — Polyphage. — Verte, grise, brune. — C.

Gortyna flavago. — Dans les tiges de *Cnicus, Arctia, Verbascum, Digitalis,* etc. — Gris pourpré ; d'un jaunâtre couleur de chair. — C.

Rusina tenebrosa. — Plantes basses. — D'un riche rouge ; d'un brun rougeâtre ; brune. — C.

Grammesia trilinea. — *Plantago.* — Gris obscur ; ochrée. — Un peu variable.

Agrotis porphyrea. — *Calluna* et *Erica.* — Vert foncé, chamois, rouge. — C.

Triphæna orbona. — Polyphage. — Nombreuses teintes de gris et de brun. — Variable.

T. pronuba. — Racines de graminées. — Verte, vert-olive ; diverses teintes de brun. — Variable.

Noctua plecta. — Plantes basses. — Diverses teintes de brun ; ochrée, verte. — C.

N. C.-nigrum. — Plantes basses. — Grise, brune. — C.

N. ditrapezium. — Plantes variées. — Diverses teintes ochrées, rouges, brunes. — C.

N. triangulum. — Plantes variées. — Diverses teintes ochrées, rouges, brunes. — C.

N. neglecta. — *Erica* et *Salix capræa.* — Orange ; brune ; verte. — Variable.

N. XANTHOGRAPHA. — *Graminaceæ*, etc. — Nombreuses teintes de couleur chamois et brune. — Variable.

TÆNIOCAMPA GRACILIS. — *Salix, Rubus.* — Verte ; rouge brun. — Un peu variable.

T. CRUDA. — Sur tous les *Quercus.* — Verte ; noire ; brune, puce. — Le plus souvent constante.

DIANTHÆCIA CARPOPHAGA. — Graines de *Silene inflata.* — Nombreuses teintes de couleurs chamois et ochrée. — Variable.

D. CAPSINCOLA. — Graines de *Silene* et de *Lychnis.* — Chamois, brunâtre, verdâtre. — C.

EPUNDA LICHENEA. — *Senecio vulgaris,* etc. — Brune, verte, grise. — C.

PHLOGOPHORA METICULOSA. — *Polyphage.* — Verte, brune, ochrée. — C.

HADENA CHENOPODII. — *Chenopodium* et *Atriplex.* — Verte, brune ; avec des lignes rouges extérieures. — C.

H. CONTIGUA. — *Salix.* — Verte ; d'un rouge éclatant. — C.

H. OLERACEA. — Plantes basses. — Verte, brune. — C.

H. PISI. — *Erica, Spartium, Salix, Pteris,* etc. ; peut-être polyphage. — Vert foncé ; cramoisie. — Un peu variable.

CUCULIA CAMOMILLÆ. — *Anthemis.* — Rose ; verte ; jaune. — C.

C. LYCHNITIS. — *Verbascum nigrum* et *Lychnitis.* — Verte ; jaune. — C.

HELIOTHIS MARGINATA. — *Ononis, Betula.* — Verte ; rouge, enfumée. — C.

H. PELTIGERA. — *Hyoscyamus, Ononis.* — Verte, rouge ; uniformément couverte de dessins. — C.

STILBIA ANOMALA (13). — *Graminaceæ.* — Verte, brune. — C.

M. Hellins ajoute ensuite une liste d'espèces qui, quoique variables à l'état d'image ou adultes, sont constantes ou presque constantes à l'état de larve.

Parmi ces espèces on peut citer *Arctia caja, Hadena protea, Tæniocampa instabilis, Anchoscelis lunosa, Apamea oculea,* etc.

L'inspection de la table précédente montre que, quand l'image est très-constante, la larve offre une grande tendance à la variation ; cela se remarque surtout dans les espèces du genre *Eupithecia.* A quoi alors devons-nous attribuer cette variété des larves ? J'ai déjà exprimé mes doutes sur les effets que la nourriture peut avoir sur les changements affectant l'adulte ; il n'en est pas ainsi pour la larve, car je crois que la variété dans ce dernier genre est causée, dans une grande mesure, mais indirectement, par la nourriture, et que l'objet d'un tel changement est, comme l'a justement dit M. Hellins dans les lettres qu'il m'a écrites, l'*imitation*, non que les larves d'une espèce imitent les larves d'une autre espèce, mais seulement les plantes sur lesquelles elles vivent.

Par le fait, les couleurs prédominantes des larves de la majorité des Lépidoptères sont le vert et le brun, et sont ainsi admirablement assimilées au feuillage et à la tige des plantes et des arbrisseaux. Cela se voit surtout dans la plupart des larves de *Geometridæ*, qui ne sont pas strictement des mangeurs nocturnes, comme presque toutes les larves des *Noctuæ ;* celles-ci se retirent dans un lieu de retraite pendant le jour lorsqu'elles seraient le plus exposées aux attaques des oiseaux. Les larves de beaucoup d'espèces du genre *Eupithecia* montrent ce pouvoir d'imitation avec beaucoup d'avantage pour leur sûreté. Ce sont, pour la plus grande partie, des chenilles mangeuses de fleurs, et elles ont évidemment le pouvoir de prendre la couleur des fleurs sur lesquelles elles se nourrissent. Il y a cinq ans de cela que je pris à l'automne une centaine de larves de l'espèce *Eupithecia absinthiata*, et je remarquai que celles trouvées sur le *Senecio jacobæa* étaient jaunâtres, tandis que celles trouvées sur la *Centaurea nigra* étaient rougeâtres ; celles trouvées sur la *Matricaria*, blanchâtres. Après leur capture je les plaçai toutes sur le *Senecio jacobæa ;* lorsqu'elles étaient déjà presque toutes à leur taille, je ne trouvai pas qu'elles eussent une tendance à devenir jaunâtres ; cela prouve, d'après moi, d'abord qu'il était nécessaire que la larve se fût nourrie sur la même espèce de plante depuis l'œuf pour acquérir le pouvoir d'imitation, et, secondement, que la couleur de la larve ne pouvait pas être causée par la nourriture, se montrant à travers les téguments transparents.

Il semble toutefois que les couleurs des larves des Lépidoptères sont surtout destinées à les préserver contre les oiseaux et leurs autres ennemis, et il est raisonnable de supposer que, dans ces cas-là, lorsque les couleurs ne sont pas d'accord ou sont tout à fait dissemblables à celle de la plante nourricière, il peut y avoir d'autres circonstances rendant inutile la ressemblance (14). Les larves qui se nourrissent dans la partie la plus interne des végétaux, qui ne sont pas très-exposées par suite aux ennemis du dehors, montrent peu de variété, soit dans les espèces particulières, soit en général.

Ainsi je conclus que la nourriture a un effet immédiat, quoique indirect, pour produire la variation des larves ; mais que, dans l'image, le régime ne possède plus cette propriété qu'à un bien faible degré. Pour ce dernier état il nous faut chercher une autre cause plus cachée. Cette imitation n'existe pas sur l'image avec la même étendue que sur la larve, où elle semble évidente; mais je ne puis pas hésiter à croire que la nature ne soit encore prodigue sous ce rapport. Je n'ai pas de doute que les causes de variété à l'état d'image ne soient aussi puissantes que pour l'état de larve; mais, pour le moment, elles ont pour la plupart dépassé notre compréhension.

Je parlerai peu des variations proprement dites. Il me semble que les variétés ordinaires ont une tendance à revêtir ce que nous considérons comme le type, mais que, hormis certaines circonstances, non-seulement elles ne se revêtent pas ainsi, mais la dissemblance devient graduellement plus large jusqu'à leur développement à l'état où on les considère comme espèces. Je ne dis pas que je sois préparé à accepter la théorie du développement avec la grande extension que voudraient lui donner quelques auteurs, mais que c'est une voie raisonnable de considérer des phénomènes qui autrement ne peuvent pas être expliqués d'une façon satisfaisante. Cela doit, je crois, paraître évident à tous ceux qui hésitent à se délivrer de leurs préjugés héréditaires (15). L'acceptation partielle ou entière de cette théorie n'est pas si désastreuse que quelques-uns veulent la considérer. Les plus déterminés faiseurs de descriptions d'espèces nouvelles ne doivent pas craindre que l'objet de prédilection de leurs recherches soit inutile ou sans but s'il est bien fait; car leur développement successif est d'une lenteur si peu appréciable que, dans tous les cas, une description fidèle d'une espèce ou d'une forme est aussi utile à un naturaliste adoptant cette manière de voir qu'à un autre qui préfère s'en tenir aux vieilles idées; peu importe que chacun regarde l'origine des espèces à un autre point de vue que l'autre.

Je demande à mes lecteurs la permission de me suivre pour un moment pendant que je m'écarte des Lépidoptères pour en revenir à un autre ordre auquel j'ai donné une attention particulière : les Névroptères. C'est un fait sur lequel on ne saurait trop insister que les appendices sexuels, auxiliaires et secondaires présentent presque tous des caractères infaillibles pour la séparation des espèces. Si ces caractères existaient d'une manière absolument invariable, s'il n'y avait pas quelques formes dans une condition variable ou de transition, ceci serait, à mon avis, fatal à la théorie du développement; mais de telles formes ou espèces de passage existent, et naturellement je m'en rapporte à M. de Selys-Longchamps ou à M. Hagen dans la « Monographie des Gomphines » dans laquelle on fait voir que, dans deux espèces au moins, *Gomphus* (*Onycogomphus*) *forcipatus* (p. 28-40, pl. II) et *Cordulegaster annulatus* (p. 333-337, pl. XVII), l'appendice anal présente, selon la localité, des variations de forme remarquables et peut-être en rapport avec certaines différences de coloration. Je ne doute pas que l'on ne puisse citer d'autres exemples, et je pense que, même dans les *Trichoptera*, on trouvera des cas semblables.

En terminant je dois m'en rapporter à un ouvrage auquel l'auteur a travaillé avec soin : *Les variétés phytophagiques et les espèces phytophagiques* par M. Benj. Walsh, de Roch-Island, de l'Illinois (auteur tout à fait imbu des vues de Darwin), publié dans les *Proceedings* de la Société entomologique de Philadelphie (vol. III, p. 403-430) (16). Il range dans cet ouvrage, suivant la nourriture, les variations sous onze chefs différents (p. 407-428), qu'il serait trop long de reproduire ici. Aussi bien que je puis le comprendre, M. Walsh est opposé aussi à la notion qui veut que la nourriture soit une cause immédiate de variation dans l'image; mais il prétend que, dans quelques insectes, il y a quelques formes plus ou moins constantes attachées à des plantes particulières, formes se reproduisant seulement entre elles, qui sont étroitement alliées, et qu'il envisage comme des espèces seulement phytophagiques, mais, néanmoins, devant être considérées et nommées comme distinctes. A la suite de cette classe viendraient beaucoup d'espèces anglaises de Microlépidoptères, et j'imagine que si M. Walsh avait bien connu les espèces américaines de ce groupe, il aurait insisté davantage sur elles pour appuyer son opinion.

En quittant ce sujet je remercie sincèrement MM. Hellins et Buckler de la bonté qu'ils ont eue de me prêter leurs notes.

Note de M. Mac-Lachlan.

Dans les genres *Gelechia*, *Elachista*, *Lithocolletis*, *Nepticula*, etc., il y a certains groupes d'espèces étroitement unies; chacune d'elles se nourrit apparemment exclusivement sur différentes espèces de plantes de la même famille. Dans les *Lithocolletis* cela est surtout remarquable dans le groupe des espèces *L. pomifoliella* et ses alliées, attaché aux Rosacées à fruits. Au contraire, nous voyons souvent des espèces entièrement distinctes, n'ayant qu'une race et vivant côte à côte sur la même feuille. Je veux que l'on comprenne clairement que je suis diamétralement opposé aux vues de certains entomologistes qui prétendent que ces formes sont immédiatement occasionnées par la différence de la plante nourricière, quoiqu'elles aient pu devoir leur origine à cette cause, et sont ainsi ce que M. Walsh appelle espèces phytophagiques.

Notes de MM. Maurice Girard et J. Fallou.

(1) Le mémoire de M. Mac-Lachlan, dont nous donnons une traduction partielle, contient d'abord la description de plusieurs variétés d'une Phalénide, la *Sterrha sacraria* Linn., avec une planche coloriée, qui les représente. La seconde partie, ici publiée, est relative aux variétés et aux aberrations en général chez les Lépidoptères. Ce travail a paru dans les Transactions de la Société entomologique de Londres, 3ᵉ série, séance du 4 décembre 1865.
G.

(2) Ce qui montre combien il est facile, dans les questions qui nous occupent, de faire pencher la balance d'un côté ou de l'autre selon qu'on prend tels ou tels faits, c'est que la géographie entomologique et la paléontologie nous fournissent des arguments et pour la variation lente des espèces et pour leur invariabilité depuis des temps énormes. Nous empruntons la plus grande partie de ces faits au dernier et célèbre ouvrage de M. Lyell (*), dans les chapitres où il traite de l'origine des espèces par variations et sélection naturelle.

Il existe dans l'Amérique du Nord un certain nombre d'espèces qu'on s'accorde à regarder comme les mêmes que celles qui se rencontrent en Europe ; ce sont cependant des races présentant, comme l'a reconnu M. Stéphens, de légères mais constantes variations. Ainsi la *Pyrameis Atalanta* d'Amérique offre une petite différence dans la coloration d'une petite portion de l'aile antérieure (MM. Stéphens, Doubleday) ; la *Vanessa morio* américaine présente les séries d'atomes noirs de la bordure jaune plus accusés qu'en Europe.

M. Wollaston, dans son ouvrage sur les variations des insectes sur les bords de la mer et dans les petites îles (*On the variations of Species...* London, 1856, Van Voorst) a vu que la couleur et la grandeur des ailes se modifient par l'influence continue des conditions locales. On sait que certaines espèces indiennes du genre *Papilio* perdent les queues des ailes dans les petites îles des Moluques ; à l'île de Céram, au contraire, toutes

(*) L'ancienneté de l'Homme prouvée par la géologie, traduction par Chaper Paris, 1864, J.-B. Baillière et fils.

les espèces communes au continent et aux îles sont plus grandes; on trouve au Japon des Vanesses et des Argynnes pareilles aux nôtres, mais de taille très-amplifiée (coll. Boisduval), etc.

M. Broun (Trans. of northern entomol. Soc. 1862) a vu que les insectes des îles Shetland s'écartent légèrement des types correspondants de la Grande-Bretagne, mais avec des variations bien moins accusées que celles qui distinguent entre elles les variétés anglaises et américaines. Or, la réunion des Shetland à l'Écosse devait encore exister postérieurement au début de l'époque glaciaire, tandis que la communication entre l'Amérique et l'Europe par l'Irlande et le Groënland, autrefois doué d'un climat fort doux, a dû être bien antérieure à l'époque glaciaire. De même, M. Bellier de la Chavignerie a vu que la Corse a bien moins d'insectes nouveaux que ne le croyait M. Rambur; mais on peut dire que toutes les espèces sont modifiées et deviennent des races locales; ainsi la *Vanessa ichnusa* peut prendre les deux points noirs de la *V. urticæ*, et ses chenilles, dans les régions montagneuses froides, deviennent tout à fait semblables à celles de l'espèce continentale, dont elle n'est, sans doute, qu'une race insulaire.

Parmi les insectes fossiles il en est au contraire dont le type, très-constant, n'a pas subi de variations à travers une longue série de siècles. On a trouvé en Suisse, dans des marnes à minces feuillets de la période miocène supérieure, à Œninghem, près du lac de Constance, des insectes que M. Heer appelle des *formes homologues* d'espèces actuelles, car il n'a pas osé les identifier, bien qu'il n'ait pu trouver aucun caractère différentiel; tels sont les *Lampyris noctiluca, Geotrupes stercorarius, Coccinella septempunctata, Libellula depressa, Apis mellifica, Aphrophora spumaria*, etc., et, avec eux, des formes spécifiques tout à fait étrangères à l'Europe actuelle. G.

(3) La science a déjà enregistré beaucoup de faits d'animaux appropriés par leur couleur aux terrains ou aux végétaux sur lesquels ils vivent. Blisson a donné une étude intéressante de l'harmonie des formes et des couleurs des chenilles avec les végétaux sur lesquels elles vivent comme moyen d'échapper à leurs ennemis (Ann. Soc. Ent., 1840, 1re série, IX, Bull., p. IX). M. A. Lefebvre a constaté sur les Erémiaphiles (*Mantides, Orth.*) des déserts de l'Égypte la plus parfaite identité de teinte avec la nature des terrains sur lesquels il les rencontrait; leur couleur variait du brun au jaunâtre, de sorte qu'on ne pouvait les distinguer du sol que par leurs mouvements. Des *Anthics*, des *Graphiptères* offrent des faits analogues.

De même Bruce avait distingué en Égypte des Fourmis d'un rouge pourpre identiques au sable porphyrique du sol (Ann. Soc. Ent., IV, 1re série, 1835, p. 449, et 1851, IX, 2e série, Bull., p. xxv).

Le Bacillus Rossii (Orth.) vert se confond tout à fait avec les jeunes tiges; les *Mantes* sont vertes, jaunes, brunes dans la même espèce; de même les *Phyllies*, se confondant ainsi avec les végétaux verts ou secs. La *Cymatophora ridens* (Noctuo-Bombyc. Lép.) semble appropriée aux écorces par ses couleurs vertes, brunes et blanches, panachées, son port d'ailes, son corselet à faisceaux de poils. La chenille et la chrysalide du *Charaxes Jasius* sont exactement du même vert que l'arbousier et fort difficiles a en séparer à la vue.

Les animaux vertébrés offrent aussi beaucoup de pareils exemples. Les Mammifères des sables, Gazelles, Lièvres, Lapins prennent des pelages isabellins, l'Isatis, l'Hermine, le Lièvre alpin deviennent en hiver blancs comme les plaines de neige où ils courent. On a remarqué que les Moineaux des villes industrielles prennent une teinte noire, transmise par génération, appropriée à la couleur des toits et des murs des lieux enfumés où ils passent leur existence. L'Œdycnème (Echassier, Ois.), le *Trapelus ægyptiacus* (Saurien) ont la couleur du sol, bruns sur la terre brune, argentés sur les dalles calcaires ou les débris de coquilles. De même la Vipère ammodyte, le Céraste cornu se confondent avec le sable où ils cachent leur dangereuse présence.

Que de faits, dira-t-on, en faveur de la théorie de Darwin! Cependant cet auteur, comme tous les naturalistes systématiques, accepte tous les faits favorables à ses idées, souvent avec peu de contrôle, comme on le lui a reproché pour des exemples donnés par les éleveurs d'animaux domestiques, et néglige ou omet ceux qui lui sont contraires. Bien des espèces ou des races sont sans liaison aucune avec les couleurs qui les avoisinent. Pourquoi la chenille du *Deilephila euphorbiæ* tranche-t-elle si vivement avec les plantes par ses couleurs noires, rouges et orangées? Cette espèce, qui aime le soleil, est ainsi exposée aux yeux de ses ennemis. On ne se rend aucun compte de la raison pour laquelle l'*Argynnis valezino* ♀, à fond noir, remplace le type dans le Valais et très-accidentellement seulement en France. Pourquoi quelques cantons seuls des forêts de Compiègne et de Villers-Cotterets offrent-ils une race de Lapins de garenne noirs avec quelques métis *charbonniers?* Pourquoi à Java une Panthère mélanienne s'ajoute-t-elle aux trois autres typiques dans chaque portée? Il est triste d'avouer son ignorance, mais il est préférable d'exposer les faits pour et contre que de risquer des conclusions prématurées.

G.

(4) On doit citer parmi les espèces de Lépidoptères dont la différence de sexe apparaît dès la chenille les deux Livrées de notre pays, la Livrée commune (*B. neustria*) et surtout la Livrée des prés (*B. castrensis*). Ces insectes doivent leur nom vulgaire aux lignes bleues, analogues à des galons de livrée, qui s'étendent longitudinalement sur la chenille. Les chenilles femelles ont les raies bleues plus larges et, dans la dernière espèce, les chenilles mâles ont les raies vraiment linéaires. La taille distingue les deux sexes dans les chenilles complétement développées de *Liparis dispar*, *d'Orgya antiqua* et surtout d'*Orgya gonostigma*. Les chenilles femelles sont fortement plus grosses que celles des mâles. G.

(5) J'ai pris au mois de mai à Fontainebleau, où cette espèce est commune, la variété blanche mêlée au type jaune; ce n'est donc pas l'influence du climat qui a dû agir sur les couleurs. J'ai observé que, lorsque le temps est beau, avec un soleil persistant, on rencontre assez souvent des sujets à ailes blanches; mais cela doit être le résultat d'une décoloration et ne peut constituer une variété, tandis que ceux cités plus haut ont été pris à l'éclosion, ainsi que le type jaune, au pied des Pins sur lesquels leurs chenilles avaient vécu. F.

(6) La citation que fait M. Mac-Lachlan de l'*Amphidasis betularia* nous rappelle la belle aberration noire de cette espèce venant d'Angleterre et communiquée à la Société par M. Bellier de la Chavignerie. Cette aberration se rencontre de temps à autre dans ce pays ainsi que des modifications analogues dans les Noctuelles *polyodon* et *oxyacanthæ*, et sont attribuées par M. Bellier à l'atmosphère brumeuse de la Grande-Bretagne (Ann. Soc. Ent., 1863, III, 4e série, Bull., p. VIII). G.

(7) Il est une espèce que notre honorable collègue ne cite pas; cependant elle existe en Angleterre ; c'est la *Nemeophila plantaginis* (*). Je l'ai chassée dans plusieurs pays et j'ai pu me convaincre qu'elle est variable partout; cependant j'ai observé que la variété *matronalis* Hub. est plus commune dans les pays montagneux ainsi que les passages du type à cette variété. Quant à la variété *hospita*, elle existe dans toutes les localités où l'espèce typique se trouve. Je l'ai obtenue d'éclosion à Paris d'une deuxième génération provenant d'Auvergne, qui m'a donné des exemplaires

(*) Cat. Brit. Mus. Lépid. Brit., p. 50, 1856.

à fond blanc où les bandes noires des ailes inférieures ont presque disparu, ainsi que cela se présente quelquefois chez le type jaune. Mais, ce que je n'ai jamais obtenu de mes éducations ni pris dans mes chasses, c'est la femelle à ailes inférieures blanches, analogue au mâle de cette variété *hospita*. Je ne puis dire si elle existe ou si la variété *hospita* est exclusive aux mâles. On se demande alors quelle est la cause qui fait que la couleur blanche se reproduit si souvent chez les mâles et point sur les sujets femelles. Ce n'est bien certainement pas la nourriture, puisque cette espèce vit presque en famille sur les mêmes plantes ; ce n'est pas non plus l'influence des climats ni celle des terrains, puisqu'elle subit dans les localités où elle se trouve les mêmes intempéries, les mâles et les femelles devant nécessairement coexister.

C'est encore un de ces secrets de la nature qu'on ne peut expliquer ; espérons qu'il arrivera pour celui là comme pour tant d'autres, et que de savants observateurs, persévérant dans leurs recherches minutieuses, pourront bientôt nous renseigner sur ce fait intéressant. F.

(8) Rien de plus difficile dans les questions auxquelles a trait le mémoire de M. Mac-Lachlan que de bien préciser les définitions, et cependant rien de plus nécessaire. Beaucoup de discussions sur ces sujets ardus de philosophie naturelle sont des logomachies (et à combien de nos disputes en tout genre ceci ne s'applique-t-il pas !) ; il y a très-peu de naturalistes qui s'entendent exactement sur la valeur des mots genre, espèce, race, variété, aberration, monstruosité, dont ils se servent continuellement. J'ai cherché à présenter dans *la 4me note* 9 ce qui m'a semblé le plus conforme sur ces points aux notions acquises actuellement par l'expérience en se hasardant, le moins possible, dans les théories spéculatives. G.

(9) (1re note). Les théories de M. Darwin sont des modifications, avec importantes et nouvelles additions, des doctrines françaises d'Étienne Geoffroy Saint-Hilaire et surtout de Lamarck sur le développement progressif des espèces. C'est Lamarck qui a été le plus loin dans cette voie, au point de frapper les esprits les plus disposés à admettre ses prémisses par l'absurdité de ses conclusions.

Linnœus avait défini l'espèce : une réunion d'individus tous semblables entre eux et reproduisant par génération des êtres semblables à eux. Lamarck fut amené, par ses études de conchyliologie, à introduire dans la définition de l'espèce la notion du temps. Une espèce, dit-il, se compose d'individus semblables les uns aux autres et reproduisant par génération des êtres semblables à eux tant que les conditions dans lesquelles ils vivent ne subissent pas de changements suffisants pour faire varier leurs habitudes, leurs caractères et leurs formes. Il part de ce principe certain que la vie, par ses propres forces, tend continuellement à accroître le volume de tout corps qui la possède et à étendre les dimensions de ses parties jusqu'à un terme qu'elle amène elle-même. Il remarque ensuite que l'habitude peut accroître ou réduire le volume d'un muscle, en général hypertrophier ou atrophier un organe, et que, de plus, les modifications de formes ainsi que les instincts acquis par l'influence des divers milieux se transmettent par génération. Dans tout ceci Lamarck reste parfaitement dans le vrai, et nous trouvons une application fort juste de ces idées dans la manière dont M. Grenier explique le développement variable des yeux dans certains genres de Coléoptères des grottes, les *Anophthalmus*, les *Machærites*, en raison du plus ou moins de lumière des cavernes où vivent les sujets, devenant ainsi des races locales diversifiées sous le rapport de l'organe de la vision d'une grotte à l'autre.

Nous allons voir comment il est facile de glisser de proche en proche de principes exacts à de graves erreurs quand on se laisse entraîner par l'imagination dans ces questions délicates, et qu'on n'apporte pas le sévère et minutieux contrôle des faits à chaque idée nouvelle qu'enfante l'esprit.

Lamarck suppose qu'un nouveau besoin survenant chez une espèce placée dans des conditions nouvelles, il en résulte l'extension de l'organe approprié et même la naissance d'un organe nouveau, tandis que le défaut d'emploi d'un organe devenu constant par des habitudes prises appauvrit graduellement cet organe et même finit par l'anéantir et le faire disparaître, et la génération transmet aux descendants la modification. Ainsi les oiseaux pêcheurs, le Cygne, l'Oie, etc., ont acquis leur long cou par habitude, la Girafe également pour atteindre aux feuilles des arbres élevés; les tentacules céphaliques sont nés chez le Gastéropode se traînant sur le ventre par le besoin de palper les corps qui se trouvaient devant lui; le genre de nourriture a fait disparaître les dents du fourmilier; la vie dans des cavités sans lumière a anéanti les yeux de l'Aspalax et du Protée; l'habitude de se cacher sous les herbes a détruit les pattes des Serpents et allongé leur corps; le défaut d'emploi a amené la perte des ailes chez les insectes de divers ordres; l'usage fréquent au contraire a fait naître les ongles longs des oiseaux grimpeurs et l'action de nager les palmures des Palmipèdes; l'Échassier a vu ses jambes s'allonger à force de marcher en s'élévant au-dessus des herbes aquatiques; les sabots sont venus aux herbivores par l'habitude de rester sur leurs jambes, les combats fréquents des mâles des ruminants ont armé leurs fronts de cornes menaçantes, etc. Si je cite ces nombreuses et si souvent paradoxales propositions extraites textuellement de Lamarck, et où quelques vérités possibles se mêlent à tant d'aberrations certaines, c'est afin de montrer jusqu'où l'esprit systématique peut conduire les hommes les plus éminents; jamais l'expérience n'a vérifié la création d'organes nouveaux; les erreurs anatomiques des conceptions précédentes sautent aux yeux, les espèces deviennent seulement des races locales si les conditions d'existence changent autour d'elles, ou s'anéantissent si elles ne peuvent s'y accommoder.

Ce sont les idées de Lamarck qui ont amené la doctrine de la transmutation des espèces (MM. Darwin, Hooker), bien qu'on puisse voir continuellement, et en entomologie plus qu'ailleurs les espèces les plus voisines coexister dans les mêmes conditions de milieu, d'époque, de nourriture, de mœurs, et s'accoupler même sans parvenir à passer de l'une à l'autre. Lamarck ajoutait, à ce que nous avons dit précédemment, que la nature, n'opérant rien que graduellement et par cela même n'ayant pu produire les animaux que successivement, a évidemment procédé dans cette production du plus simple au plus composé; de là la théorie de la progression des espèces (Cuvier, MM. Sedgwick, Miller, Owen), des types moins élevés vers les plus élevés, théorie qu'on croyait étayée par les plus solides arguments géologiques et que l'expérience tend à infirmer de plus en plus à mesure que les découvertes récentes font apparaître les types supérieurs à des époques plus reculées.

Nous devons dire qu'Isidore Geoffroy Saint-Hilaire, intelligence moins vaste mais plus précise que celle de son illustre père, avait bien compris le danger des idées que nous exposons et la nécessité de la vérification continuelle par l'expérience. Ses études sur les races des animaux domestiques l'avaient conduit à n'accepter la variabilité des espèces que d'une manière restreinte et limitée.

Les caractères des espèces, dit I. Geoffroy Saint-Hilaire, ne sont ni absolument fixes, comme plusieurs l'ont dit, ni surtout indéfiniment variables, comme d'autres l'ont soutenu. Ils se modifient si les circonstances ambiantes viennent à changer. Les espèces sauvages ne présentent de variations que dans des limites très-étroites; leur extension géographique graduelle, conséquence de la multiplication des individus, amène des différences de climat, d'habitat, de régime même, d'où résultent des *races* caractérisées par des modifications dans la couleur et les autres caractères extérieurs, dans le volume et la taille et parfois dans l'organisation intérieure. Ces races sont, fort arbitrairement, tantôt appelées variétés de localité, tantôt considérées comme des espèces distinctes. Au contraire, chez les animaux domestiques, les causes de variation sont bien plus nombreuses et plus puissantes, car l'action de l'homme les a contraints à se plier à des régimes et à des climats très-divers. En résumé, dit le savant auteur, l'observation des animaux sauvages démontre déjà la variabilité *limitée* des espèces ; les expériences sur les animaux sauvages devenus domestiques et sur les animaux domestiques redevenus sauvages le démontrent plus clairement encore, et ces mêmes expériences prouvent de plus que les différences produites peuvent être de valeur générique d'après la manière dont les classificateurs différencient d'habitude les genres.

G.

(9) (2me note). Notre collègue M. Grenier émet une idée analogue à celles de Lamarck sur l'influence des habitudes quand il explique les variations des yeux dans les Coléoptères cavernicoles en raison des modifications permanentes transmises par génération dans des sortes de races variant sous ce rapport par suite de l'éclairement inégal des cavernes. Ainsi les *Anophthalmus* (*Trechus*) et *Glyptomerus* ont des yeux allongés, non réticulés, tandis qu'il n'y en a pas trace chez les *Leptoderus*, *Adelops*, *Pholeuon* (Ann. Soc. Ent., 1864, IV, 4e série, p. 133). Depuis on a trouvé dans les *Machærites* tous les passages entre l'existence et l'absence des yeux. C'est ce qui se voit chez le *Machærites Mariæ* J. du V. ; dans le *Machærites Bonvouloiri* de Saulcy les yeux sont très-petits chez le mâle et ils disparaissent presque entièrement chez la femelle (Ann. Soc. Ent., 1865, V, 4e série, p. 16).

G.

(9) (3e note). L'idée nouvelle que les naturalistes anglais ont ajoutée aux anciennes doctrines de Lamarck et d'Étienne Geoffroy Saint-Hilaire est celle de la *sélection naturelle*. Elle est exposée dans l'ouvrage de M. Wallace : Sur la tendance des variétés à s'éloigner indéfiniment du type originel, et dans celui de M. Darwin : De la tendance des espèces à former des variétés et de la perpétuation naturelle des espèces et des variétés par la sélection. Ces auteurs appliquent à toutes les créations organiques la théorie de Malthus sur la population, c'est-à-dire la tendance de chaque espèce à croître en progression géométrique, tandis que les sources d'alimentation augmentent au plus en progression arithmétique. Un grand nombre des êtres qui naissent chaque année est donc condamné à périr, et la vie devient un véritable combat dans lequel résistent seuls et arrivent seuls à la reproduction les êtres les mieux adaptés aux conditions du milieu ambiant. La nature obtiendra ainsi en grand le résultat auquel arrivent les éleveurs par

sélection artificielle des reproducteurs pour perpétuer d'une manière durable telle ou telle race. Tant que les conditions extérieures ne subissent pas de modifications, les types demeurent inaltérés ; mais les climats, les conditions alimentaires, les associations animales ou végétales changeant, un type donné est astreint à se modifier et peut arriver à une nouvelle espèce appropriée au nouvel ordre de choses. Supposons qu'une variation individuelle légère, mais favorable à l'existence, apparaisse chez un individu, comme un vol plus rapide, un instinct plus rusé, une couleur permettant d'échapper à l'œil des ennemis, etc., l'individu vivra et reproduira, ainsi que tous les descendants auxquels seront transmises les mêmes qualités, de sorte que par ce choix naturel se constitue une nouvelle race, ou, selon M. Darwin, un commencement d'espèce. Le long cou de la girafe ne vient pas d'une habitude, comme le pensait Lamarck, et des efforts continus de l'animal pour atteindre aux feuilles des arbres élevés, mais d'une variété à cou plus long que les autres, qui seule aura continué à subsister par quelque année de disette. Peu importe, dans cette doctrine, que les types spécifiques proviennent d'un premier couple unique, ou que leur existence première soit multiple, successive ou simultanée ; l'espèce devient une notion vague sans commencement ni fin définis dans le temps et l'espace ; une variation avantageuse dans le combat de la vie peut, par la suite des générations, arriver à la valeur d'espèce, puis de genre. Il y a deux idées chez M. Darwin : 1° sélection naturelle ; 2° modification indéfinie des formes. G.

(9) (4° note). Les avantages de la théorie de MM. Darwin et Wallace sont les suivants : Il est tout aussi arbitraire d'admettre la faculté indéfinie de variation de l'espèce à partir de son type originel que de supposer à chaque espèce des limites qu'elle ne peut franchir dans aucune circonstance ni au bout d'un nombre quelconque de générations ; car l'expérience n'a apporté aucune vérification expérimentale complète de l'une ou l'autre hypothèse. La première opinion, celle de la modification et de la sélection naturelle, permet d'expliquer un grand nombre de faits : ainsi la localisation des espèces par les régions géographiques due à des variations transmises d'un même type primitif, l'importance pour la classification naturelle des organes rudimentaires : ainsi les yeux atrophiés des insectes des cavernes et les ailes devenues impropres au vol de certaines espèces par suite de conditions nouvelles d'existence où ces organes deviennent inutiles ; les rapports entre la faune entomologique des îles et celle des continents, les espèces ayant été originairement les mêmes à l'époque où ces îles faisaient partie du continent et s'étant peu à peu modifiées alors

que des affaissements de terrain ont amené la séparation, les ressemblances intimes entre la faune et la flore de chaque grande région du globe avec les faune et flore éteintes post-tertiaires et tertiaires des mêmes régions, etc.

Cependant, quelque séduisante que puisse paraître cette théorie, je crois qu'il est impossible de l'admettre avec toute l'extension que lui donne M. Darwin. Quelque difficulté que l'esprit éprouve à comprendre des espèces créées de toutes pièces et une fois pour toutes c'est encore la seule hypothèse qui conduise à des conséquences extrêmes raisonnables et justifiées par les faits. Il faut supposer seulement que l'espèce est susceptible de variations limitées, conservant le plan fondamental du Créateur. Si on ne restreint pas les idées de modification et de passage à ces variations d'une seule espèce, on peut, de proche en proche, arriver aux conclusions les plus absurdes, et, avec un peu de bonne volonté, faire descendre l'homme, non seulement du singe, mais du trilobite ou de la monade. L'espèce reconnue fixe dans certaines limites assez restreintes, les seules qu'indique l'expérience rigoureuse, est susceptible d'*anomalies*, en donnant ce nom à tout écart du type normal, c'est-à-dire en théorie du plus fréquent, mais parfois simplement en pratique du premier observé et décrit. L'anomalie transmise d'une manière continue et régulière constitue la *race* ou *variété* qui peut acquérir tout autant d'importance que le type spécifique, l'*aberration*, si sa transmission, possible par génération, reste toutefois accidentelle, la *monstruosité*, si elle ne se reproduit pas. Entre ces formules idéales, mais claires, la nature réalise tous les passages. Voilà du moins tout ce que l'observation actuelle permet de conclure.

Les idées de variabilité et de transmutation spécifique ont reçu des échecs très graves et sous forme d'objections sans réponse jusqu'à présent dans les découvertes les plus récentes de la science. On s'est longtemps complu à admettre le perfectionnement successif des créations dans la série des âges géologiques, notion tout à fait favorable à la variabilité indéfinie et à la transmutation ; or on voit les types élevés reculer de plus en plus en ancienneté, et, pour nous en tenir à l'entomologie, des insectes et des Scorpions, formes supérieures, apparaître dès l'époque primaire. L'embryogénie, mieux étudiée, est venue apporter une démonstration analogue de la fixité originelle et fondamentale des espèces. Les observations modernes ont fait justice de ces doctrines fausses d'après lesquelles l'embryon d'une espèce passait transitoirement par les formes permanentes des espèces inférieures, de sorte que la création de celles-ci s'expliquait par des arrêts de développement de l'espèce la plus élevée.

Il est reconnu maintenant que le type spécifique se caractérise dès les premiers linéaments de l'embryon ; ainsi notre savant et regretté collègue P. Gratiolet a fait voir que si les encéphales de l'homme et des singes supérieurs offrent une incontestable ressemblance, leur développement fœtal s'est opéré en ordre inverse, d'avant en arrière pour l'homme, d'arrière en avant pour le singe, ce qui établit une différence typique originelle.

Si nous prenons les groupes d'insectes, très-nombreux en espèces, nous trouvons dans leur étude une des meilleures preuves de l'absence de passage des espèces. Dans le groupe des Noctuélides il y a des espèces si voisines à l'état adulte qu'on est obligé pour les distinguer de recourir à la couleur des chenilles, à leurs mœurs, à leur mode de nourriture, etc. On ne constate pas de passage entre ces espèces, pourtant semblables de forme et de coloration, vivant parfois sur la même plante ; les faibles mais constants caractères distinctifs se maintiennent toujours. M. Piochard de la Brûlerie, dans son intéressant Rapport sur l'excursion en Espagne, a observé des preuves analogues dans les Coléoptères, où les espèces voisines et distinctes cependant sont si fréquentes (Ann. Soc. Ent., 1866, 4ᵉ série, tome VI, p. 537). Dans les montagnes de l'Escorial il a vu les *Dorcadion hispanicum* et *Grællsi* s'accoupler fréquemment ensemble et donner naissance à des hybrides souvent mal conformés, comme si la nature avait regret de les produire. Ces deux espèces diffèrent moins l'une de l'autre que certaines de leurs aberrations de la forme typique de chacune d'elles, et cependant vivant ensemble dans les mêmes conditions de milieu et avec les mêmes mœurs, elles restent parfaitement distinctes, montrant ainsi que dans la nature la spécificité est quelque chose de réel, d'essentiel, d'intime, plus même que la forme. G.

(10) (1ʳᵉ note). D'après une lettre de M. Mac-Lachlan, qui autorise d'abord complétement la traduction de son mémoire, il est nécessaire de faire remarquer qu'il ne donne nullement comme règle générale le fait que la *Metrocampa margaritaria* a deux générations en Angleterre et une seulement en Écosse. Il y a beaucoup d'autres exemples, par suite de la différence de durée de la saison chaude, de Lépidoptères ne paraissant qu'une fois en Écosse et deux fois dans la même année en Angleterre.

G.

(10) (2ᵉ note). Un certain nombre de Lépidoptères ont deux générations annuelles différentes, sans qu'on puisse établir de loi à cet égard.

Dans le *P. Machaon* la génération de printemps a toujours le fond des ailes d'un jaune soufre pâle ; la génération de la fin de l'été au contraire présente parfois des sujets où ce fond tire sur l'orangé. Cela est probablement dû à une insolation de la chrysalide, car le fond des ailes prend souvent cette teinte chez les individus de collection exposés longtemps à la lumière.

L'*Anthocharis belia* à taches blanches nacrées provient de chrysalides hibernantes écloses au printemps ; *A. ausonia* à taches d'un blanc mat éclôt de chrysalides d'été à courte période. De même, *A. belemia* et *glauce* ne forment qu'une espèce, cette dernière estivale (M. Boisduval et Pierret, Ann. Soc. Ent., 1844, II, 2ᵉ série, Bull. LXVIII et LXIX). Dans le genre *Araschnia*, *A. levana* de printemps est plus petite et moins foncée en couleur que *A. prorsa* d'été. Au contraire, dans les *Ennomos illunaria* et *illustraria* et dans la *Metrocampa margaritaria*, la première génération de printemps est plus grande et plus caractérisée que la seconde d'août.

G.

(11) (1ʳᵉ note). L'examen du tableau *in extenso* sur les variations des espèces britanniques nous démontre que c'est bien la même loi qui a réglé les variations qui se produisent en Angleterre que celles qui se présentent sur le continent ; car toutes les espèces signalées dans ce tableau comme variant sont aussi les mêmes dont la variation a le plus souvent lieu dans notre pays, et réciproquement pour les espèces dont le dessin reste constant. Cependant nous reconnaissons bien que chez différentes espèces anglaises ces mêmes variétés sont plus tranchées et d'un ton plus obscur que certaines des nôtres. Je citerai particulièrement les *Amphidasis betularia*, *Epunda viminalis* et *Cidaria russata*. F.

(11) (2ᵉ note). L'importance accordée dans le travail de M. Mac-Lachlan à l'étude des larves nous ramène à cette question déjà agitée plusieurs fois par la Société entomologique de la valeur comparée des états de larve et d'adulte pour la classification des insectes. Je crois qu'en histoire naturelle il ne faut pas prendre appui et argument dans des faits exceptionnels et prétendre que les larves donnent de meilleurs caractères que les adultes, et surtout fonder sur celles-ci des classifications entières. Je pense, avec Duponchel, que la forme adulte des insectes est celle qui donne les meilleurs caractères et les plus variés pour établir l'espèce ; car la nouvelle et importante fonction de reproduction qui s'est ajoutée aux autres a amené une plus grande diversité dans les organes. L'ordre entier des

Hyménoptères (sauf les Tenthrédiniens), qui comprend les types les plus parfaits des insectes, a des larves apodes toutes très-analogues; les Lamellicornes, si diversifiés, ont des larves établies sur une forme commune, etc.

L'étude des larves devient très-utile quand un même groupe offre beaucoup d'espèces très-voisines comme les Noctuelles, et, dans une diagnose complète, les caractères de larve et de nymphe doivent être cités. Il faut bien prendre garde aux faits exceptionnels de développement récurrent, où les premiers états sont d'un type plus élevé que le dernier, ainsi que nous en voyons des exemples dans les Crustacés suceurs et cirrhipèdes.

G.

(12) Le genre *Hibernia* étant un de ceux dont toutes les espèces se rencontrent en France et même aux environs de Paris, il nous a été facile de les étudier, et nous avons pu remarquer que, sous le rapport des variations, ce genre offre beaucoup d'intérêt.

Trois espèces de ce genre ne sont pas signalées dans le tableau ci-joint. Ce sont les *Hibernia aurantiaria* et *defoliaria* et l'*Anisopteryx æscularia.* Elles ne sont cependant pas étrangères à l'Angleterre, car elles sont citées dans le Catalogue des espèces anglaises du British Museum (1856, p. 148). Ayant l'intention de comparer toutes les espèces de ce genre et de ceux qui s'en rapprochent sous le rapport des variations, je dois les citer avec les espèces de M. Mac-Lachlan.

Du 15 mai aux derniers jours de juin, si on fait des promenades dans nos forêts et que l'on batte les branches du chêne ordinaire (*Quercus robur*), on en fera tomber indistinctement les chenilles des *Hibernia leucophæaria, progemmaria, defoliaria, pilosaria, aurantiaria,* des *Anisopteryx æscularia* et plus rarement *aceraria,* qui manquerait en Angleterre d'après le même Catalogue et qui ne vit pas exclusivement sur l'érable ; car je l'ai prise à Meudon dans des taillis où il n'y avait que des chênes et des bouleaux; on y rencontre aussi la commune *Cheimatobia brumata* ; je n'ai jamais pris celles de *H. bajaria* ni de *rupicapraria.*

Du 15 octobre jusqu'aux derniers jours de décembre, si on renouvelle ces promenades, il est facile de rencontrer environ moitié des espèces précédentes à l'état parfait provenant des chenilles que l'on a vues au printemps et de s'assurer que ces espèces, qui cependant ont vécu à la même époque et sur les mêmes arbres, subissent dans leurs transformations une influence toute particulière, qui fait que les unes sont très-variables, tandis que chez les autres les dessins sont toujours constants.

Ainsi *H. defoliaria* varie à faire croire que certains exemplaires appartiennent à une tout autre espèce; j'en possède, obtenus *ex larvâ*, qui sont dans ce cas. Au contraire, *H. aurantiaria, aceraria* et *C. brumata* sont constamment invariables.

Vers les mois de février et mars éclôt la deuxième moitié des mêmes espèces dont les chenilles étaient prises en mai et juin de l'année précédente. Ici encore on observe *leucophæaria* très-variée, *progemmaria* presque invariable, *A. æscularia* et *P. pilosaria* constantes.

Il me semble que ces considérations doivent suffire à prouver qu'il ne faut pas s'arrêter à croire que la nourriture et la différence climatérique sont les seules causes immédiates des variations chez les Lépidoptères, et qu'il reste à rechercher d'autres causes qui les produisent. C'est ce que je me propose d'étudier d'une manière toute spéciale dans la suite de mes recherches.
F.

(13) On pourrait joindre bien des exemples à la liste des variations de chenilles de M. Mac-Lachlan; ainsi celles, très-carnassières, d'*Orthosia miniosa* et qu'on récolte en mai varient du vert au brun lilas; celles d'*Hibernia defoliaria* offrent sur le dos des couleurs allant du brun foncé au brun jaunâtre clair, le ventre restant toujours jaune citron, etc.
G.

(14) Quant à la variation des chenilles, je partage l'avis de notre collègue. Je crois que l'assimilation de la couleur des larves des Lépidoptères avec les plantes qui les nourrissent ou avec les tiges de celles où elles se reposent semble plutôt être un prévoyant moyen du Créateur pour les faire passer inaperçues de leurs ennemis; je ne crois pas au pouvoir d'imitation de ces insectes.

M. Goossens a communiqué à la Société entomologique (séance du 13 février 1867) une note relative aux variations des chenilles, dans laquelle notre collègue dit qu'il étudie depuis longtemps les différentes couleurs et même les différents dessins sur la même espèce de chenille; il ajoute qu'il se propose de publier plus tard la liste des espèces sur lesquelles il a pu faire des remarques qui, sans être entièrement nouvelles, viendront augmenter le nombre des espèces déjà connues dont les changements de couleurs et de dessins ne sont que la différence d'un sexe à l'autre.

J'ai observé ce fait sur la *Chelonia Quenseli*, que j'ai élevée en nombre au mois d'août 1866, espèce qui, jusqu'à cette époque, était regardée comme une grande rareté; la chenille est velue d'un noir velouté et offre une ligne vasculaire blanche, qui n'est point ou peu accusée chez le mâle, mais qui devient chez la femelle large et très-apparente; on peut donc facilement reconnaître, à l'aspect de la chenille de cette espèce, le sexe futur de l'insecte parfait.

Mais il est d'autres espèces dans lesquelles les chenilles varient beaucoup de couleur et qui pourtant produisent indistinctement les deux sexes; je citerai pour exemple la *Phlogophora meticulosa* (Noctuélite), dont les chenilles varient du vert clair au brun foncé. J'ai élevé cette espèce en assez grande quantité et chaque couleur séparément; il est venu de ces chenilles soit vertes ou brunes autant de sujets d'un sexe que de l'autre, et ces chenilles, si différentes de colorations, m'ont toutes donné leurs papillons sans aucune variation du type ordinaire. Aussi, malgré toutes les idées émises sur cette question, il est évident pour moi qu'il ne faut pas trop se hâter de conclure qu'elle est la cause des variations chez les larves des Lépidoptères; car si le fait de reconnaître le sexe de l'insecte parfait à l'état de chenille est constant pour certaines espèces, il ne peut encore s'appliquer maintenant qu'à un très-petit nombre de celles déjà connues.

Néanmoins j'ai la conviction que les observations faites à ce sujet par notre collègue M. Goossens attireront certainement l'attention des entomologistes zélés qui s'occupent de l'éducation des Lépidoptères, et chacun faisant des remarques nouvelles sur cette question à résoudre, la science entomologique aura bientôt à ajouter quelques faits nouveaux à ceux déjà connus. F.

(15) Ce passage du mémoire de M. Mac-Lachlan nous fait voir que notre collègue est loin de pousser ses opinions jusqu'aux conséquences extrêmes de certains auteurs de chaque côté du détroit. G.

(16) J'avais l'intention de consulter l'ouvrage de M. Benj. Walsh de Roch-Island, mais je n'ai pu me le procurer, afin de connaître son système sur le rangement des variations suivant la nourriture; il eût été intéressant de voir où cet auteur placerait une espèce que j'ai élevée en grand nombre et que j'ai déjà eu l'occasion de citer plusieurs fois, la *Chelonia Quenseli* dont toutes les chenilles, après avoir vécu des mêmes plantes, m'ont donné un seul sexe varié, les femelles, tandis que chez tous les

sujets mâles le dessin est resté constant. Ce fait justifierait assez que ce n'est pas la nourriture qui agit sur l'insecte parfait, et j'avoue que, dans un pareil cas, on doit être embarrassé, lorsqu'un insecte se présente ainsi, pour le classer d'après une méthode basée sur la nourriture qu'il prend.

F.

Je crois devoir revenir encore en peu de mots sur le prétendu pouvoir d'imitation dont il a été question ci-dessus, parce qu'une note contenant une idée analogue a été remise à la Société au sujet des couleurs verte ou grise des chrysalides des *Papilio Podalirius* et *Machaon*, en raison de la nature et de la couleur des corps sur lesquels ces chrysalides seraient appliquées. Je pense, comme M. Fallou, qu'un instinct défensif porte les insectes à se poser de préférence sur les objets de leur couleur, afin d'être mieux dissimulés à l'œil ennemi : ainsi les chenilles vertes sur les feuilles, grises sur les écorces, brunes sur la terre ou les tiges. D'après M. Guenée, je crois, la chenille très-jeune de *Noctua neglecta* (espèce citée dans le tableau de M. Mac-Lachlan) est verte comme les bruyères sur lesquelles elle se trouve, et, plus tard, devenue brune, rampe sur le sol entre les plantes basses ; cela expliquerait les variétés de M. Mac-Lachlan. M. Goossens me communique une observation inédite du même genre. La chenille très-jeune de la *Xylomyges conspicillaris* (*Bombycoidæ*, Lép. Hétér.) est d'un vert foncé comme les tiges du genêt où elle s'attache, puis est jaune, et alors, sans doute, se cache dans les fleurs, redevient verte et enfin prend divers tons bruns, et alors ne se trouve plus pendant le jour sur les genêts, mais seulement dans les feuilles sèches et la mousse, où il est difficile de la trouver, tandis que jeune on se la procure assez communément. Les insectes adultes ont aussi de pareilles appropriations instinctives : ainsi M. Fallou a remarqué que la *Larentia dilutaria* (Géom. Lép. Hétér.) grise se pose d'habitude sur les troncs rugueux et foncés des chênes, et que la *L. autumnaria*, presque toute blanche et qui paraît en automne très-peu après l'autre espèce et en même temps, se place de préférence sur les troncs lisses et clairs du châtaignier et les troncs blancs du bouleau. G.

NOTES SUR LA SÉRICICULTURE.

Par M. Maurice GIRARD.

(Séance du 12 Juin 1867.)

Je présente à la Société de très-beaux cocons de Vers à soie provenant de l'éducation de grainage que vient de terminer à Brives (Corrèze) Mlle de Lavergne. Il est impossible de voir de plus beaux produits pour la forme parfaite du cocon, le grain serré et la finesse de la soie. Cette éducation, grâce à des soins intelligents, a très-bien réussi, tandis que, dans la même localité, beaucoup de chambrées n'ont pas abouti à bien. Ces cocons, destinés à la reproduction, appartiennent à nos excellentes et anciennes races françaises, *sina* (cocons blancs) et *milanaise* (cocons jaune nankin de diverses nuances.)

(Séance du 24 Juillet 1867.)

Je viens d'indiquer les beaux résultats obtenus cette année à Brives par Mlle de Lavergne pour les races *sina* et *milanaise* du *Sericaria mori* ; malheureusement les succès sont rares en général cette année, et, à la maladie qui désole depuis plus de vingt ans l'industrie de l'éducation du Ver à soie, la pébrine ou maladie des taches, se joignent de la muscardine et d'autres affections anciennes. Ainsi, en Lombardie et Piémont, les milanais jaunes, dont on peut voir à l'Exposition de très-beaux cocons, analogues à ceux de Mlle de Lavergne et provenant de l'éducation de M. Delprino, n'ont pas réussi en grand ; les anciens japonais, déjà naturalisés en Italie, ont fait demi-récolte; la race portugaise un quart; la race corse récolte entière, mais elle est rare; les nouveaux japonais, provenant de graine originaire, bonne récolte ordinaire.

C'est surtout, selon mon habitude depuis quelques années, des éducations faites à la magnanerie expérimentale du Jardin d'Acclimatation sous l'habile direction de M. J. Pinçon que je dois entretenir la Société. Dans une lettre en date du 17 juin 1857, M. Pinçon m'apprend que toutes les anciennes graines d'une dizaine de races ont échoué cette année. Les graines de reproduction de la race japonaise à cocons blancs et à cocons verts qui, en 1865, année de leur importation, et, en 1866, à leur seconde générati n, avaient produit de si beaux résultats et dont la taille et le cocon s'étaient accrus, n'ont rien donné en 1867 à leur troisième génération. Il est intéressant et juste de faire remarquer que, l'année dernière, notre collègue M. Balbiani avait trouvé cette graine acide et corpusculeuse et avait pronostiqué un échec, sinon immédiat, au moins prochain; ses prévisions ne se sont que trop justifiées. Seulement, il est curieux de noter qne la troisième génération de Vers japonais en France a offert des sujets sains jusqu'à la troisième mue; puis ont commencé à apparaître quelques *morts flats*, ou *tripes* ou *vaches* et des *arpians* ou Vers dont les pattes s'accrochent, et tout a disparu après la quatrième mue par ces anciennes maladies; il n'y avait pas de pébrine, du moins caractérisée par les taches. C'est un fait général dans notre époque d'infection épidémique de l'atmosphère que les Vers à soie provenant d'une graine saine importée donnent toujours une bonne première récolte, mais la dégénérescence ne tarde pas. Ainsi, à l'Exposition, dans les produits de la maison Chabod fils, de Lyon (classe 43), on pouvait voir le 11 juillet courant de beaux et énormes cocons blancs de race perse bien fournis, d'un grain serré; mais on était obligé de jeter à mesure de leur éclosion les grosses femelles qui en sortaient, car leurs ailes avortées et surtout leur large abdomen dénudé et infiltré de graisse n'annonçaient que trop une graine dégénérée et dont on ne pouvait attendre qu'un détestable produit.

La magnanerie du bois de Boulogne présente comme toujours de beaux spécimens de cocons de l'*Attacus arrindia*, des cocons, des papillons et des chenilles de l'*Attacus cynthia vera*; on peut dire désormais qu'il devient inutile de parler de cette espèce, devenue robuste et bien acclimatée. Le résultat est bien remarquable pour ceux qui, comme moi, ont pu voir les premiers sujets débiles et tendant à la dégénérescence lors des premières éducations au Muséum. La force et la rusticité des sujets actuels est une des meilleures preuves qu'on puisse opposer à ceux que découragent des échecs momentanés pour d'autres espèces et dus surtout aux pernicieuses influences locales. En effet, l'*Attacus ya-ma-maï*, bien plus intéressant pour la soie, n'a pas réussi cette année au Jardin d'Acclimatation ; il est bon de constater pour lui, contrairement à ce qui s'est montré pour le Ver à soie du mûrier, que la perte de l'éducation de 1867 a eu lieu par la pébrine bien caractérisée par ses taches noires. La couleur verte de la chenille a commencé à pâlir dès le second âge, et les taches ont paru après la quatrième mue. Il en a été ainsi partout aux environs de Paris, du moins pour le résultat final, en totalité chez M. Guérin-Méneville à Joinville-le-Pont, en médiocre partie seulement chez M. Personnat à l'Exposition universelle, dans un petit enclos près de la porte de l'École militaire. Jusqu'à présent ce n'est qu'en quelques localités isolée que cette précieuse espèce a réussi en Europe.

La magnanerie du Jardin d'Acclimatation présente aussi des cocons de l'*Attacus mylitta* reçus du Bengale. Il y a eu éclosion des papillons, mais ils sont morts, refusant de s'accoupler. Au reste, ce n'était là qu'un essai de curiosité, car l'acclimatation de cette espèce n'est nullement à tenter en Europe ; l'Inde fournit en abondance la soie tussah qui en provient et qui entre dans beaucoup de tissus.

C'est également à titre d'essai très-intéressant pour les entomologistes, mais inutile au point de vue industriel en France, que je dois citer une belle éducation offerte en ce moment aux visiteurs de la magnanerie du bois de Boulogne. Il s'agit aussi d'une de ces espèces de régions trop chaudes pour réussir en France, mais que son abondance peut rendre très-importante pour l'avenir du pays d'où elle est originaire. Un lot considérable de cocons de l'*Attacus aurota* du Brésil a été donné par M. Dionisio Martins, commissaire du gouvernement brésilien à l'Exposition universelle. Cette espèce produit de grands cocons ouverts, riches en soie, à pédicule plat, d'un gris jaunâtre, à plusieurs vestes pouvant donner une filoselle avantageuse, en plus grande quantité que les cocons de l'ailante. Les insectes adultes sont d'une espèce voisine de l'*Attacus hesperus* de Cayenne déjà mentionnée comme pouvant offrir à notre colonie une source de produit. Dans une visite faite au Jardin d'Acclimatation le 17 juillet, j'ai été heureux de contempler en grand nombre de magnifiques exemplaires des deux sexes vifs et bien développés de l'*Attacus aurota.* L'œil est ravi par ces beaux papillons à ailes veinées de rouge pourpre avec quatre grandes taches vitrées subtrigones. D'après les renseignements fournis par le donateur, cette espèce vit sur les Térébinthacées ; cependant les premières petites chenilles écloses au Jardin sont mortes, refusant de manger les feuilles de l'ailante; on va essayer d'autres Térébinthacées (1). Les accouplements des papillons ont lieu la nuit et les femelles pondent des œufs blancs, gros et très-oblongs.

(Séance du 28 Août 1867.)

Je suis retourné le 7 août 1867 à la magnanerie du bois de Boulogne pour revoir l'intéressante éducation des *Attacus aurota*. Les éclosions étaient fort diminuées vu la température essentiellement froide des derniers jours de juillet et des premiers jours d'août. Les mâles sont, pendant la nuit, d'une vivacité extrême, volent continuellement et mettent en lambeaux leurs belles ailes. Les petites chenilles provenant des œufs pondus ont refusé toutes les espèces de Térébinthacées que la collection du Jardin a pu fournir. C'est à peine si elles ont laissé quelque trace de l'action de leurs mandibules sur les feuilles de ricin que M. de Castelnau indique comme nourrissant l'espèce au Brésil. Elles ont mangé un peu les feuilles du pêcher et mangent passablement bien la feuille de fusain; c'est sur des rameaux de cet arbuste plongés dans des carafes qu'on les élève. Leur croissance paraît très-lente, ce qui tient sans doute au peu de chaleur; mais l'inconvénient est compensé en partie par le grand aérage de la magnanerie. Elles avaient encore leur première peau quand je les examinai, et, à ce moment, ont le fond et les pattes noirs avec 12 verticilles serrés de tubercules jaunes épineux, un par anneau. J'espère pouvoir continuer leur étude.

(Séance du 13 Novembre 1867.)

Dans une dernière visite faite à la magnanerie du jardin du bois de Boulogne, le 25 octobre 1867, j'ai constaté les faits suivants :

Les chenilles de l'*Attacus aurota* nées à la magnanerie n'ont pas réussi

(1) A la lecture de cette note M. Guérin-Méneville dit que, selon M. de Castelnau, on élève dans l'Amérique méridionale les chenilles de ce Lépidoptère avec les feuilles du ricin.

et sont mortes une à une, à toutes les mues, sans trace de pébrine. Elles avaient été partagées en deux séries : les unes nourries à la feuille de fusain, les autres à celle de ricin. Les secondes ont donné un seul cocon.

Un grand nombre des cocons de l'*Attacus aurota* provenant du Brésil n'ont pas donné de papillons ; ils sont conservés avec soin par M. J. Pinçon dans l'espérance d'éclosion à une autre époque, car on sait que les chrysalides des Attacites peuvent se développer à divers moments : ainsi on a vu celles de l'*Attacus Pyri* (Grand Paon de nuit) n'éclore qu'au bout de sept ans, et très-souvent elles demeurent à leur état de vie latente deux ou trois ans.

On a vu que les *Attacus Mylitta* ou Vers à soie du chêne et du jujubier, de l'Inde, nés au jardin, n'avaient pas pu s'accoupler. Cela tenait à l'humidité et à une température trop basse ; car la chaleur étant venue à augmenter en août 1867, des accouplements eurent lieu et donnèrent des œufs féconds. En même temps, de la graine de cette espèce fut remise à la magnanerie par la Société d'acclimatation. Les chenilles qui provinrent de la graine de ces deux origines étaient très-belles au début, mais ont toutes succombé entre la troisième et la quatrième mue, sans présenter aucune tache de pébrine, demeurant encore vivantes une quinzaine de jours sans pouvoir opérer leur quatrième mue.

L'insuccès des éducations de ces deux espèces était facile à prévoir, car elles appartiennent à des climats très-chauds.

La magnanerie du jardin n'offrait plus que des chenilles de l'*Attacus cynthia vera* (Ver à soie de l'ailante) à toutes les mues et en excellent état. Les unes étaient encore libres au dehors, les autres à l'intérieur, élevées au rameau. Les chenilles provenaient de la troisième génération de l'année et donneront, grâce à un peu de feu dans la magnanerie, des cocons qui passeront l'hiver. Au reste le Ver à soie de l'ailante est devenu réellement, comme on sait, une espèce parisienne à l'état sauvage. A tous les exemples à l'appui déjà donnés dans nos Annales, je puis encore joindre le fait suivant : le 18 octobre de cette année, me trouvant au laboratoire d'entomologie du Muséum, je vis arriver un petit garçon apportant, avec l'espoir d'un riche salaire, un papillon mâle de cette espèce, vivant et bien développé, trouvé dans la rue Poliveau.

Les insuccès éprouvés en 1867 à la magnanerie du bois de Boulogne doivent aussi tenir, outre la cause de la température, à des conditions atmosphériques qui paraissent avoir été cette année générales en France et qui ont contribué à la recrudescence observée dans l'épidémie des Vers à soie. En effet, les divers entomologistes qui, dans toutes les régions de notre pays, se sont occupés cette année de la chasse des Lépidoptères, sont unanimes à déclarer que les espèces habituellement communes ont été beaucoup plus rares que d'habitude. J'ai été frappé, au printemps et en été, de la pénurie des Argynnes et des Mélitées, qui remplissent parfois les allées des bois des environs de Paris et qui, cette année, se trouvaient çà et là une à une ; les choux ont peu souffert des chenilles des Piérides. Dans les derniers jours d'octobre et les premiers jours de novembre je n'ai trouvé dans les bois qu'un nombre assez restreint de *Larentia*, d'*Hibernia*, de Platyomides d'automne, de Ptérophores. Peut-être une influence épidémique générale s'est-elle produite sur les Lépidoptères. Je crois devoir faire connaître à ce propos une intéressante observation de M. Fallou, à la sagacité duquel nous devons déjà tant d'utiles remarques et que beaucoup d'amateurs feraient bien d'imiter en notant avec soin leurs observations de chaque jour. Que de faits curieux sont perdus pour la science par leur fréquente incurie ! M. Fallou observa, cet été, dans les environs d'Auteuil, des chenilles de Vulcain (*Pyrameis Atalanta* Linn.), espèce des plus rustiques, mortes et gonflées sur la plante. Soupçonnant à cela quelque cause insolite, il parvint, après d'assez longues recherches, à en réunir une trentaine. Il les éleva chez lui en plein air avec des orties en pot sur une terrasse, tout à fait dans les conditions naturelles, afin d'éviter une grave objection à son expérience. Pas une seule ne parvint à se chrysalider. Un quart périrent par des parasites : c'est la proportion ordinaire; les trois autres quarts des chenilles parvenues à leur dernière mue moururent; leurs anneaux gonflèrent et devinrent tachés de noir. Le corps était rempli de liquides noirâtres, au lieu des matières vertes qui en sortent dans l'état de santé, et qui sont dues à la coloration du sang par la chlorophylle si abondante dans les feuilles d'ortie.

Les communications de plusieurs membres de la Société ont confirmé les assertions précédentes. Ainsi M. Coret a remarqué que le *Liparis chrysorrhea* n'était pas dévastateur cette année comme en 1866 aux environs de Puteaux; M. Guérin-Méneville, dans sa tournée d'inspection dans le Midi de la France, a vu les chenilles du *Liparis dispar* écloses en multitudes périr et tomber des arbres; et à Joinville-le-Pont, il a perdu cette année beaucoup de chenilles d'*Attacus* de l'ailante et toutes celles du *Ya-ma-maï*. M. Laboulbène a signalé une grande pénurie de Coléoptères en 1867 ; divers journaux ont parlé d'une mortalité considérable sur les Mouches, etc. Il semble donc qu'en 1867 une épidémie a régné sur la classe des Insectes.

NOTES DIVERSES

Par M. Maurice GIRARD.

(Séance du 26 Juin 1867.)

— M. Girard dit qu'ayant obtenu de l'obligeance de M. Delorme, entomologiste de Versailles, de nombreuses chrysalides de *Sphinx ligustri* (Lépid. Hétér. ou Chalin.) destinées à ses recherches de chaleur animale, il a pu constater de nouveau, lors de l'éclosion des adultes, la secrétion musquée dont il a déjà parlé dans nos Annales, et que M. Ghiliani avait au reste déjà indiquée dans cette espèce (Catal des Lépid. des États sardes), mais sans distinction de sexe. Or, cette secrétion de musc est propre aux mâles seuls et liée sans doute à la sécrétion spermatique. Elle n'existe pas au moment où l'insecte sort de la chrysalide, il faut qu'il soit vidé de son méconium; elle commence environ douze heures après l'éclosion et est complétement et assez fortement développée au bout de deux ou trois jours. Par exception, certains mâles ne l'offrent pas.

Depuis, notre collègue nous a annoncé que des éclosions de *Sphinx convolvuli,* dans la seconde quinzaine de juillet, lui ont offert absolument le même fait; la secrétion musquée ne commence à apparaître que le second jour.

(Séance du 11 Juillet 1867.)

— M. Girard présente à la Société quelques détails sur l'*Attacus cynthia vera :*

Le fait, dit-il, de l'acclimatation complète et définitive de l'*Attacus cynthia* (Drury) *vera* (Guérin-Méneville) en France se démontre de plus en plus par les observations de tous les jours. Des sujets de cette espèce ont été pris cette année dans divers points de Paris. Ainsi, aux premiers jours de juillet, plusieurs personnes ont vu voler des papillons de cette espèce dans la rue des Postes, encore entourée de nombreux jardins, et un individu mâle, capturé dans cette rue, m'a été apporté le 5 juillet, parfaitement conformé, vif, coloré, de grande taille. Des ailantes existent dans les jardins de cette rue. M. le docteur A. Moreau, dans son jardin, rue de Vaugirard, 63, où se trouve un magnifique ailante, a pris un papillon de l'espèce citée dans la première quinzaine de juin, et depuis on en voit souvent le soir plusieurs voler autour du tronc de l'arbre (1). Il y a plusieurs années des papillons de cette espèce ont été élevés dans la maison, et peut-être les sujets sauvages actuels proviennent-ils d'individus échappés lors de ces éducations.

La présence de sujets adultes volant dans les jardins de Paris ne serait pas une preuve absolue de l'acclimatation de l'espèce, bien qu'il soit difficile de supposer que les nombreux exemples de leur capture qu'on indique de toute part proviennent uniquement de sujets domestiques échappés; l'instinct qui les guide vers les ailantes, joint à leur éducation habituelle en plein air, indiquerait déjà une espèce en entière possession de ses facultés naturelles; mais la démonstration complète de leur acclimatation existe, car on a trouvé sur des ailantes des cocons de l'*Attacus cynthia vera*; M. Guérin-Méneville a même, il y a déjà plusieurs années, eu d'excellente graine de sujets provenant de cocons qui lui furent apportés et qui avaient passé l'hiver dans un jardin de Joinville-le-Pont. Les acclimatations vraies sont peu nombreuses; celle de l'*Attacus cynthia vera* a été très-rapide, et bientôt ce Lépidoptère devra figurer dans la faune française; il en a été de même d'une Noctuelle, la *Chariclea delphinii*, citée dans nos catalogues, charmante espèce venue d'Orient avec le pied d'alouette des jardins, dont la chenille vit exclusivement sur cette plante, sans se nourrir du pied d'alouette des champs; cette espèce ne vit que dans nos jardins et sa fréquence est en raison des variations de la mode pour la culture de sa plante. L'*Attacus cynthia vera*, qui n'est pas exclusif à l'ailante, a donc eu plus de facilité encore à s'acclimater. On sait qu'on peut citer aussi des Dermestiens et des Blattiens devenus cosmopolites. L'*Anthrenus musæorum* a passé des collections d'insectes d'Europe dans celles d'Amérique; le hideux Kakerlac d'Orient (*Periplaneta orientalis*) infeste nos cuisines; les *Blatta germanica* et *laponica*, qui vivent à l'état libre et au dehors dans les régions tempérées de l'Europe, se sont réfugiées dans les maisons dans les climats trop froids du Nord, et deviennent, malgré l'homme, en quelque sorte, des animaux domestiques.

(1) Le 20 juillet 1867 M. A. Moreau m'a remis un sujet femelle pris sur l'ailante de son jardin, très-vigoureux, à grandes ailes bien étalées et résistantes, et qui acheva sa ponte dans le pot à fleurs où il était renfermé. M. G.

La seconde de ces espèces dévore le poisson salé que le pauvre Lapon entasse dans sa hutte enfumée pour se nourrir dans les mois de son long hiver. Nous avons aussi des exemples d'acclimatation complète chez les animaux vertébrés. Le Rat noir (*Mus ratus*), venu lors des Croisades, est presque détruit aujourd'hui à Paris par le Surmulot (*Mus decumânus*), apporté d'Orient comme l'autre au siècle dernier par les vaissseaux. Le Faisan, au contraire, quoique plus ancien, n'est pas entièrement acclimaté; il périt par les hivers froids et les printemps pluvieux, et, sans les faisanderies destinées à soutenir l'espèce, elle n'existerait plus dans nos forêts. Le Dindon n'est jamais devenu que domestique, et s'élève encore difficilement; si les vieux sujets sont très-robustes et supportent les froids de nos hivers les plus rigoureux, les Dindonneaux sont très-délicats, d'un élevage difficile, et la moitié des couvées périt.

Pour revenir à l'*Attacus cynthia vera,* espérons que sa facile acclimatation le rendant bientôt très-commun on pourra tirer un parti avantageux du cocon, par suite de l'absence de frais d'éducation, bien qu'il n'offre que peu de soie. Il serait bien préférable de voir s'acclimater l'*Attacus Ya-ma-maï* sur nos chênes. Ne désespérons pas de l'avenir.

(1) D'après un examen très-attentif de la riche collection du Muséum, le Mollusque des falaises du Tréport et de Mers me paraît être l'*Helix variabilis* (Lam.), ou peut-être l'*H. pisana* (Mull.). Ces deux espèces, très voisines, sont fort abondantes sur tous nos littoraux. La coquille m'avait été indiquée comme appartenant à l'*H. lauta* (Lowe); mais c'est là, je crois, une espèce d'amateurs, ne figurant pas au Muséum, comme je m'en suis assuré. C'est surtout en malacologie que les grandes collections avec leurs passages mettent à néant beaucoup de races locales érigées en espèces. G.

(Séance du 9 Octobre 1867.)

M. Girard donne lecture de la note suivante :

Sur les côtes crayeuses de la Normandie et de la Picardie se rencontre en abondance une espèce, de petite et moyenne taille, du genre *Helix* (Mollusques Gastéropodes) (1). La coquille varie beaucoup de forme, avec tous les passages de la spirale plane à la spirale élevée ; mais toujours la bouche arrondie demeure étroite. Cette espèce, très-répandue en Europe, existe çà et là aux environs de Paris. Une des localités où on la trouve en quantité considérable est la falaise de Mers, près du Tréport (Seine-Inférieure). Dans les parties tout à fait arides, où la craie blanche affleure sans trace sensible de terre végétale, de sorte que quelques maigres avoines ou luzernes ou plus souvent des chardons et autres plantes rudérales sont les seuls végétaux, ces Mollusques sont en nombre tel qu'on ne peut faire un seul pas sans en écraser plusieurs. On comprend qu'ils doivent pulluler là où les plantes sont remplies de carbonate de chaux nécessaire à la formation de leur test. Or, l'ennemi se multiplie avec l'abondance et la facilité du festin. Un Coléoptère, le *Silpha lævigata* Fabr., se trouve dans cette localité en quantité considérable. A toutes les heures du jour on voit son corps noir et lisse se détacher sur le sol et les coquilles blanchâtres. On trouve toujours des adultes grimpant sur les petites plantes et attaquant le colimaçon qui y adhère ; seulement, vu l'étroite ouverture de la coquille, ils ne peuvent y plonger que leur tête subquadrilatère et mobile, le bouclier prothoracique étant trop large pour pénétrer. Quant aux larves noires, elles entrent dans la coquille plus aisément et d'autant plus profondément qu'elles sont plus jeunes, au point de s'y cacher complétement. Il suffit d'écraser sur le sol une *Helix* vivante pour qu'au bout de peu de temps on trouve plusieurs *Silpha* se repaissant fraternellement des fragments du mollusque. Par les renseignements qui me sont parvenus je sais que le *Silpha lævigata* se trouve aussi très-communément sur tous les littoraux analogues dès que les *Helix* s'offrent multipliées et couvrant le sol.

J'ai recueilli aussi à Mers le *Silpha obscura* Linn., y partageant les habitudes de l'espèce précédente, mais moins commun (Observations du mois de septembre).

Le même membre montre ensuite à la Société deux cas de difformité chez des Lépidoptères diurnes. Ce sont des sujets où les ailes sont de chaque côté de dimensions inégales, sans plissement ni atrophie, accidents fréquents à l'éclosion hors de la chrysalide, mais comme si deux individus, chacun bien développé et de taille différente, étaient coupés selon la ligne médiane, puis accolés par moitiés dissemblables :

L'un est un Vulcain (*Pyrameis Atalanta* Linn.), parfaitement éclos et sec, pris en septembre sur la falaise de Mers, près du Tréport. Il ne pouvait pas voler, bien que le temps fût beau et le soleil assez vif, soit en raison de la trop forte différence entre les aires des ailes à droite et à gauche, soit plutôt par une autre cause, et retombait aussitôt sur le sol dès qu'on le lâchait après l'avoir soulevé. On sait que la locomotion aérienne exige une moindre disproportion de grandeur entre les deux régions droite et gauche de l'individu, que cela est nécessaire pour que la marche soit encore possible; cela résulte du mécanisme si différent de ces deux opérations. En prenant des mesures sur l'exemplaire cité, on trouve : aile supérieure gauche, longueur maximum, 32 millim.; id. droite, 33; aile inférieure gauche, longueur maximum, 23, et hauteur mesurée parallèlement à l'axe du corps, 19; id. droite, 23,5 et 21. Il ne serait pas impossible que dans l'espèce en question, où les deux sexes sont pareils à l'extérieur, il n'y eût un hermaphrodisme bilatéral, assez fréquent, comme on sait, dans la limite de ce genre de monstruosité pour les Lépidoptères : une dissection interne aurait pu seule nous fixer. C'est peut-être une cause interne, de ce genre ou autre, qui empêchait le vol.

L'autre sujet est une femelle du *Satyrus mæra* Linn., prise aux environs de Paris. Ici c'est, au contraire, le côté droit où les aires des ailes, parfaitement conformées et complètes de chaque côté, sont plus petites que du côté gauche, dans un rapport analogue à celui qu'offrait le précédent exemple. On voit assez souvent ces inégalités des ailes des deux côtés, sans avortement ni repli, dans les Chélonides (Lépid. Chalin. Nocturnes), surtout pour les sujets élevés en captivité. Les deux exemples ci-dessus appartiennent à des éclosions libres.

A propos de cette communication plusieurs membres font remarquer que la différence de surface des ailes de ces sujets n'est pas suffisante pour empêcher le vol. M. le docteur Laboulbène se rappelle avoir pris au vol un Vulcain dont les ailes avaient, de côté et d'autre, une différence notable. M. Goossens dit également avoir rencontré des exemples de ces différences laissant subsister le vol. M. Girard pense qu'il serait intéressant et facile d'étudier chez les insectes, au moyen d'altérations convenables des ailes d'un côté, comment le vol se modifie peu à peu et à quelle limite il commence à s'anéantir; il doit y avoir de grandes différences à cet égard suivant les types, car on sait combien le vol normal varie; il renvoie à ce sujet à ses expériences sur la fonction des ailes chez les insectes insérées dans les Annales, 1862, p. 153.

(Séance du 25 Mars 1868.)

— M. Girard adresse la note suivante :

Dans la séance du 11 décembre 1867 (Bulletin, p. xci), notre collègue M. Bonnaire a informé la Société d'une capture curieuse, faite par lui à Fontenay-aux-Roses, de la *Myrmedonia bituberculata* (C. Bris.), espèce qu'on ne connaissait que d'Espagne. Je ferai remarquer qu'il ne faudrait pas se hâter d'inscrire ce Coléoptère dans la faune parisienne, avant qu'on l'ait retrouvé plusieurs fois et dans diverses localités. Fontenay-aux-Roses, village où abondent les jardiniers-fleuristes, est une localité à bon droit suspecte ; elle peut nous offrir des insectes importés avec des plantes en pots et dont l'acclimatation n'est pas opérée pour cela. On sait que les *Pieris belia* et *ausonia*, espèces méridionales, ont été prises plusieurs fois dans la banlieue de Paris, provenant probablement de plantes apportées dans des jardins avec leurs œufs. Les Coléoptères lignicoles de tous pays peuvent se trouver à Paris, transportés avec des bois, et des *Aphodius* d'Europe se rencontrent maintenant en Australie, contenus sans doute dans le fumier d'origine animale qu'on accumule dans les caisses servant au transport des végétaux vivants. On doit engager M. Bonnaire à visiter plusieurs années de suite l'endroit où il a trouvé la *Myrmedonia bituberculata*, afin de voir si l'espèce se reproduit et se propage ; alors on sera en droit de la déclarer parisienne. Cette première observation est au reste fort intéressante ; l'avenir décidera si l'espèce est propre à la France du Nord (elle doit alors se trouver en plusieurs points), ou si importée, elle parvient à s'acclimater, ou enfin, si elle n'est qu'accidentelle et devant disparaître.

LES INSECTES

à l'Exposition universelle de 1867,

Par M. Maurice GIRARD.

Extrait du Bulletin des Annales de la Société entomologique de France

Séances de Janvier, Février et Mars 1868.

Lectures. M. Maurice Girard présente : *Quelques observations sur la collection entomologique du Japon à l'Exposition universelle de* 1867.

Les produits japonais, ayant éprouvé un retard résultant de leur extrême distance, n'ont pu être placés qu'environ deux mois et demi après l'ouverture de l'Exposition universelle.

Il s'y trouvait cinquante-six cadres ou boîtes d'Insectes et autres Articulés qui nous sont arrivés tels que les Japonais les préparent, piqués sur soie avec des épingles ordinaires; les Coléoptères étaient piqués au milieu du corselet ; les Lépidoptères avaient subi un essai grossier d'étalage. Ces derniers étaient malheureusement pour la plupart en mauvais état, usés, déchirés; les Insectes des autres ordres offraient une meilleure conservation.

Nous nous occuperons d'abord des Lépidoptères. Il en est un certain nombre qui ont beaucoup d'intérêt en ce qu'ils sont les mêmes spécifiquement que ceux de France. Tels sont sans changement : *Limenitis sibylla*, *Mars ilia* (var. orangée), *Colias hyale* (taille un peu grande), *Pieris brassicæ*, *Satyrus phædra*, *Argynnis adippe*. D'autres espèces ont éprouvé des modifications qui en font de remarquables races locales. Les *Papilio machaon* et *Polyommatus phlæas* sont de taille un peu agrandie ;

la *Vanessa polychloros* est de taille beaucoup plus grande qu'en Europe, ainsi que les dessins noirs; le fond est de même couleur. Le *Liparis dispar* du Japon est très-curieux par sa grande taille, qui est de plus du tiers de celle de France; il existe toujours la même différence de taille et de couleur entre les deux sexes. Le *Pyrameis atalanta* du Japon est modifié de dessin et non de taille; les bandes rouges des ailes supérieures sont notablement agrandies. Le *Grapta C-album* est également modifié.

Il y a des espèces très-voisines de celles d'Europe, mais probablement distinctes : ainsi une *Chelonia* très-rapprochée de *caja*, mais de taille presque double et à macules noires très-grandes, un *Lycæna* très-voisin ou identique à *argiolus*, une *Libythea* voisine de *celtis*, une *Zerene* très-rapprochée d'*ulmaria*, sinon identique.

Certaines espèces sont au contraire asiatiques et communes au Japon, à la Sibérie orientale, au nord de la Chine. Tels sont les *Papilio xuthus* et *xuthulus* (Bremer, Lépid. de la Sibérie orientale, Saint-Pétersbourg, 1864, pl. 1) appartenant aux types indiens, *Leucophasia amurensis* (Ménétriès, Lépid. sibériens et des rives de l'Amour, Saint-Pétersbourg, 1859, pl. 1), un Nymphalien très-voisin du *Neptis philyra* de Sibérie (Ménétriès, pl. 2), mais à ailes bien plus prolongées en largeur, un *Thecla* très-voisin du *Thecla Attila* (Bremer, pl. 2), *Halthia eurypyle* (Ménétriès, pl. 4), *Pieris hippia* (Bremer, pl. 2) ou *Leuconea cratægioïdes* (Lucas), qui se rencontre également en Sibérie, dans la Chine du Nord et aux environs de Pékin; la *Geometra herbacearia* (Ménétriès, pl. 5, fig. 7), qui se trouve aussi sur les rives de l'Amour. La collection du Japon présente un très-bel Attacide à ailes caudées du groupe des *Attacus selene, luna, Isabellæ;* c'est l'*Attacus artemis* (Bremer, pl. 2), également de Sibérie et du nord de la Chine. Une question intéressante a pu être résolue, car les cocons de cette belle espèce se trouvaient avec le mâle et la femelle dans les cadres japonais. Ces cocons sont en réseau brun à claire-voie, analogues à ceux de l'*Aglia tau* ou de l'*Attacus trifenestratus*, de Java. Au contraire les cocons des *Attacus Selene* et *Isabellæ* sont assez soyeux; celui de l'*A. luna* est peu soyeux, mais continu. C'est un fait général que les cocons ne sont nullement liés aux affinités zoologiques; ainsi les *Endromis versicolor* et *Aglia tau* secrètent à peine de la soie, et ce sont deux genres très-voisins du Ver à soie (*Sericaria mori*) qui donne le plus riche cocon connu. Il n'y aura donc aucun intérêt à rechercher l'acclimatation de l'*Attacus* à ailes caudées du nord de la Chine et du Japon.

J'ai encore remarqué un *Anthocharis* assez voisin de *Eupheno* et une ou deux espèces d'un type très-remarquable du même genre, ressemblant comme dessin à *Pieris daphlidice*, à *Anthocharis cardamines*, *belia* et *ausonia*, mais dont les ailes supérieures se terminent à l'apex par un crochet très-prononcé, à la manière des *Platypteryx hamula* et *falcula*. Les *Anthocharis* à ailes falquées du Japon forment, je crois, une espèce nouvelle. Je ne connais d'un faciès analogue que l'*Anthocharis genutia* (Fabr.), de l'Amérique boréale, des environs de Boston et de Charlestown, figurée dans Hubner sous le nom de *Mancipium vorax Midea*. L'espèce (au moins une, peut-être deux) japonaise est de plus grande taille, a les crochets des ailes plus prononcés et offre auprès de ces crochets des taches petites et d'un jaune orange que ne présente pas la figure d'Hubner, qui est celle d'une femelle. De pareilles et si remarquables *Anthocharis* ne sont pas signalées dans les Lépidoptères sibériens de Ménétriès et de Bremer. Peut-être l'espèce du Japon est-elle une race locale et agrandie de l'espèce américaine *A. genutia :* fait de géographie entomologique qui serait très-intéressant. Le mâle de cette espèce offre à l'apex des ailes supérieures une petite tache orange qui manque dans la femelle (Boisduval, Spec., p. 565, 1836). Citons encore un *Bombyx* voisin du *B. mirabilis* de l'Inde.

Les ordres des Névroptères, des Orthoptères, des Coléoptères, des Hyménoptères et des Hémiptères étaient assez bien représentés. Les premiers offraient surtout de nombreuses espèces de Libelluliens et des *Panorpes* superbes, de plus grande taille que notre *Panorpa communis*, à ailes fortement maculées de noir vif, suivant deux larges bandes sur les deux paires d'ailes. Les Orthoptères présentaient de magnifiques Mantes à ailes supérieures d'un vert pomme et une *Locusta* qui, si elle n'est pas notre *viridissima*, en est une espèce très-voisine. J'ai remarqué dans les Coléoptères un *Lucanus* pareil au *L. cervus* ou très-voisin ; dans les Hyménoptères notre *Bombus lapidarius* et des Guêpes gigantesques ; enfin, parmi les Hémiptères, d'admirables et énormes Népides du genre *Belostoma*.

Il y avait aussi des chenilles et des Araignées soufflées et séchées. Tout cela indique l'existence d'entomologistes japonais.

Parmi les produits naturels exposés par le Japon se trouvait encore un nid d'un *Eumenes* (Hymén.), attaché à une branche, nid formé de sable agglutiné et percé de loges dont quatre étaient vides par suite de l'éclosion de l'insecte. On voyait aussi divers Articulés conservés dans l'alcool, des larves de Coléoptères, des Bélostomes et des Ranâtres (Hémipt.), des Araignées et des Crustacés. Les bocaux portaient les noms japonais de ces animaux, mais il m'a été impossible d'obtenir à cet égard ni traduction, ni renseignement.

L'histoire naturelle du Japon était placée dans le palais à l'extrémité de la rue d'Afrique, contre le mur extérieur de la grande galerie des machines; elle attirait immédiatement les regards par d'énormes morceaux de cristal de roche d'une admirable transparence.

Lectures. M. Girard adresse des *Observations sur les collections entomologiques du pavillon de l'isthme de Suez à l'Exposition universelle de* 1867.

Parmi les objets rassemblés dans le local affecté à l'explication intéressante de la grande œuvre que poursuit M. de Lesseps sous l'initiative de la France, se trouvaient quelques boîtes d'insectes récoltés dans les lieux où s'opèrent les travaux et destinés à donner une idée de la faune entomologique du pays. Cette collection fort incomplète n'offrait qu'un médiocre intéret, car on sait que l'Égypte est une des régions dont la faune est le mieux connue. La collection ne présentait pas de Lépidoptères et se composait presque exclusivement de Coléoptères. On pouvait les diviser en trois groupes. Le premier groupe est formé d'espèces qui ne se rencontrent qu'en Égypte seule ou dans la partie orientale du nord de l'Afrique, rarement jusqu'en Algérie, et à l'occident de l'Asie. Tels sont : *Cicindela ægyptiaca, Graphipterus variegatus* (var.) et *serrator, Anthia venator, Nemrod, sexmaculata, Procerus Olivieri, Sternocera castanea, Steraspis tamarisci, Polyarthron ægyptiacum, Cetonia Savignyi, Copris Isidis* (espèce extrêmement abondante dans la haute Égypte), *Copris Sesostris, Prionotheca coronata, Julodis speculifer, Zophosis rotundata* (espèce indiquée d'habitude du centre de l'Afrique), *Pimelia aculeata, Prinobius atropos, Amphicoma Lasserei, Cleonus hieroglyphicus*, etc. On peut joindre à ces espèces quelques types qui sont du nord de l'Afrique et parfois aussi du sud de l'Europe, comme *Cicindela littorea* et *flexuosa, Hyphydrus variegatus, Chlænius æratus, Pimelia granulata, barbara, exanthematica, senegalensis, tuberculifera, Blaps prodigiosa, Akis spinosa, Cetonia cinctella, Cetonia floricola* var. *ænea, Glaphyrus maurus, Amphicoma vulpes*, etc.

La collection renfermait un second groupe d'espèces propres à tout le bassin méditerranéen, comme les *Ateuchus sacer*, *Anoxia australis*, *Megacephala euphratica*, *Silpha orientalis*, *Nebria complanata* ou *arenaria*, *Capnodis cariosa*, *tenebrionis*, *tenebricosa*, *Eunectes sticticus* var. *griseus*, *Zuphium olens*, *Oryctes gryphus* et *Phyllognathus silenus* var. *paniscus*, *Cetonia squalida*, *Carabus morbillosus* ou *alternans*, *Chlænius velutinus*, *Meloe purpurascens* et *Tuccius*, *Mylabris bimaculata* et *impressa*, *Coniatus tamarisci*, *Larinus ursus*, *Galleruca elongata*, etc.

Enfin, fait digne d'intérêt, l'isthme de Suez offre des Coléoptères de la faune générale de l'Europe centrale; tels sont : *Cicindela campestris*, *Calosoma sycophanta*, *Cybister Ræseli*, *Silpha rugosa*, *Cetonia aurata*, *morio*, *speciosissima*, *ænea*, *Ateuchus semipunctatus*, *Gymnopleurus flagellatus* et *pilularius*, *Sisyphus Schæfferi*, *Hister quadrimaculatus*, *Melolontha fullo*, *Lucanus cervus*, *Dorcus parallelepipedus*, *Geotrupes stercorarius*, *Meloe proscarabæus*, *Aromia moschata*, *Hylotrupes bajulus*, *Phytonomus variabilis*, etc.

Le Catalogue de l'Exposition de la Compagnie universelle du canal maritime de Suez (Paris, 1867, A. Vallée, 15, rue Bréda) nous apprend que les insectes et les autres objets d'histoire naturelle ont été recueillis dans l'isthme par deux personnes, M. Baudouin, capitaine d'infanterie de marine, et M. le docteur Companyo, médecin de la Compagnie. La collection récoltée par ce dernier a été donnée par lui au Musée de la ville de Perpignan, dont plusieurs des cadres exposés en portaient l'étiquette, ce qui explique l'erreur de quelques personnes que des sujets des Pyrénées orientales auraient été mêlés aux insectes de l'isthme de Suez. Les deux collections sont énumérées en détail, mais les indications sont remplies de fautes qui ne sont pas toujours des fautes d'impression. Dans le texte relatif à l'histoire naturelle (p. 63) il est dit que les Carabiques, les Hydrocanthares et les Sternoxes sont peu nombreux dans les lieux déserts de l'isthme où s'opèrent les travaux, ainsi que les Curculioniens et les Longicornes dont les deux espèces les plus remarquables étaient le *Polyarthron ægyptiacum* et le *Prinobius atropos*. On cite le genre *Manticora*, mais probablement par erreur, car aucune espèce n'est mentionnée dans les listes, et je crois que ce genre est localisé dans la région australe de l'Afrique. Les Hétéromères Piméliens, tous noirs, sont au contraire très-nombreux dans les déserts sablonneux de l'Égypte. Des Mylabres et des Méloés ont aussi été recueillis, et, dans ce dernier genre, une espèce nouvelle, dit M. Companyo, a été découverte par lui dans la fameuse vallée de Biban-el-Molouk, près de Kourna, nécropole de la XVIIIe et de la XIXe dynastie, c'est-à-dire de la grande époque conquérante et monumentale de l'Égypte. Cette espèce, décrite et communiquée à la Société agricole, littéraire et scientifique des Pyrénées-Orientales, porte le nom de *Meloc Delessepsi* (Companyo).

L'intérêt de la petite collection de Coléoptères de l'isthme dont nous venons de tracer les principaux types est de montrer que des espèces appartenant à des régions très-distinctes et très-éloignées se trouvent réunies sur cette étroite langue de terre qui joint les deux grands continents de l'Asie et de l'Afrique.

Dans la collection de M. Baudouin se trouvaient quelques Orthoptères, Névroptères, Hyménoptères et Diptères non déterminés. J'ai remarqué un *Gryllotalpa* (Orth.) moins grand que le nôtre et noté dans la collection du Muséum comme se trouvant aussi à l'île de France. Il y avait également quelques Arachnides et notamment des espèces françaises, la *Tegenaria domestica* (Aran.) et le *Buthus occitanus* (Scorp.). Enfin on voyait exposés quelques Crustacés des deux rivages et par suite de deux faunes bien distinctes, les uns méditerranéens, comme *Carcinus mænas* et *Ocypoda cursor,* d'autres se rattachant à la faune indienne et trouvés à l'extrémité de la mer Rouge, tels que *Chlorodius Forskalli, Dehaani, excavatus, Pilumnus Savignyi* et *Vauquelini, Neptunus pelagicus* et *Trapezia ferruginea, Doto sulcatus, Ocypoda ceratophtalma, Ostracotheres tridacnæ, Macrophthalmus depressus, Metopograpsus messor, Matuta victor,* etc.

Lectures. M. Maurice Girard fait connaître des *Observations sur les collections entomologiques des Principautés danubiennes à l'Exposition universelle de* 1867.

Un certain nombre de pays très-divers se trouvaient réunis à l'Exposition universelle, avec ce caractère commun que l'état peu avancé de leur civilisation ou leur origine très-récente n'avaient pas permis chez eux le développement des industries variées des nations de l'Europe occidentale; aussi les matières premières étaient l'objet principal de leurs envois et l'indice de promesses pour l'avenir. Les collections d'histoire naturelle se rencontraient seulement dans cette catégorie d'exposants. L'entomologie se trouvait donc naturellement représentée dans ces envois ; mais malheureusement, pour ce qui concerne les Lépidoptères dont je m'occupe plus spécialement, la préparation des objets était fort défectueuse, ainsi que leur état de conservation, et il n'y avait aucun étiquetage ni classification. On voyait que les insectes avaient été recueillis à la hâte et par des personnes étrangères à l'entomologie.

Les Lépidoptères provenant des environs de Bucharest, qui offrent beaucoup de marécages et de bois, sont, pour la très-grande partie, les mêmes qu'aux environs de Paris ; de sorte que la végétation doit aussi offrir de grandes analogies. Ces insectes, sans étalage, étaient disposés en tous sens dans deux cadres tout à fait analogues à ceux que font les enfants. Ils se composaient tous d'espèces très-communes et nous représentent fidèlement, dès lors, le premier aspect de ces localités dans une observation superficielle. Deux espèces seulement ne sont pas de France : ce sont les *Limenitis aceris* et *Argynnis Laodice*, les Principautés danubiennes formant la station la plus occidentale de cette espèce. Quelques espèces sont étrangères aux environs de Paris, mais existent en France, ainsi : *Argynnis pandora, Thaïs hypsipyle, Syntomis phegea*. La plupart des espèces sont les mêmes qu'aux environs de Paris et généralement tout à fait identiques comme races, ainsi : *Papilio podalirius* (1) et *machaon, Pyrameis cardui* et *atalanta* (ce dernier d'un type petit), *Vanessa io, morio* et *polychloros, Argynnis paphia* et *latonia, Melitæa phœbe, Pieris daphlidice, Colias edusa* et *hyale, Rhodocera rhamni, Arge Galatea*, var. *Procida, Nemeobius Lucina, Lycæna ægon* et *Alexis, Polyommatus Phlæas*, d'un grand type et avec la variété femelle noire, un *Polyommatus* très voisin d'*Hippothoe*, sans doute une race locale ; *Hesperia comma, Sphinx convolvuli* et *ligustri, Macroglossa stellatarum, Deilephila euphorbiæ, Attacus pyri, Liparis dispar* et *salicis, Chelonia caja, villica* et *Hebe, Cossus ligniperda, Tryphæna fimbria* et *pronuba, Catocala nupta, sponsa* et *promissa, Plusia gamma, Emydia grammica, Euclydia mi*, un *Agrotis, Amphipyra pyramidea, Zerene grossularia* et quelques autres Phalénides. Les deux cadres contenaient enfin un certain nombre d'exemplaires de la *Phryganea grandis* (Névr. Trichopt.), que ses ailes opaques et marbrées, à la façon des Noctuelles, avaient fait prendre sans doute pour un papillon par l'ama-

(1) Le type de Bucharest est le même qu'à Paris ; j'ai vu, provenant d'autres régions des Principautés danubiennes, une race beaucoup plus petite.

teur novice qui avait rassemblé cette petite collection. Un assez grand nombre de cadres de Coléoptères figuraient dans l'envoi moldo-valaque, et une mention honorable a été accordé par le jury à M. C. Buchholtzen, de Bucharest, pour les oiseaux et les insectes exposés.

— M. Maurice Girard envoie des *Observations sur les collections entomologiques de l'Australie à l'Exposition universelle de* 1867 :

Les envois australiens se trouvaient dans la grande galerie des machines contre la rue des Indes. Les insectes qui faisaient partie de la riche collection d'histoire naturelle de l'Australie (Nouvelle-Galles du Sud), avaient été récoltés par M. J. Williams, New Pitt-Street, à Sydney. Les Lépidoptères occupaient six cadres, et on y remarquait un assez grand nombre de spécimens, malheureusement en état très-médiocre, de la *Strigops grandis* (Lépidop. Hétéropt.), gigantesque Hépialide dont la larve vit dans les troncs de Casuarinas et est recherchée comme aliment par les naturels de l'Australie, manifestant ainsi des goûts analogues à ceux des Romains pour des larves qu'ils nommaient *cossus* et qui sont encore mal déterminées, des Chinois pour les chrysalides de Vers à soie, des Madécasses pour diverses chrysalides, des Arabes et des Hottentots pour les Acridiens dévastateurs, salés ou grillés, etc. Les habitants de Madagascar paraissent former le peuple le plus affriandé de chrysalides. Lors de la dernière ambassade française envoyée au malheureux Radama II, son fils, enfant de dix ans, avait les poches pleines de chrysalides frites dont il se régalait pendant la réception. Nous mangeons avec grand plaisir beaucoup de Crustacés ; qui sait si nous n'arriverons pas aux insectes en hors-d'œuvre ? Déjà même on propose de faire un mets avec les larves du Hanneton.

J'ai encore remarqué deux espèces différentes de femelles aptères d'*Orgya* : l'une de très-grande taille, très-poilue et blonde ; l'autre ressemblant beaucoup à notre *O. gonostigma*, une Noctuelle très-voisine de *N. exclamationis*, etc. C'est un fait général dont je suis toujours frappé en observant les Lépidoptères exotiques, que si les Diurnes des régions chaudes diffèrent complétement des nôtres par la taille, l'éclat et la ténacité de leurs couleurs, qui sont comme passées au feu pour résister à l'ardente lumière du soleil zénithal, les Nocturnes, au contraire, se rapprochent beaucoup, dans un grand nombre d'espèces, de ceux des régions tempérées : cela doit tenir à la nécessité de passer la partie active de leur vie sous les nuits très-fraîches des régions tropicales. De même, les Mammifères nocturnes, Singes, Lémuriens ou Carnassiers insectivores de ces régions, sont pourvus de fourrures chaudes et épaisses qui rappellent celles des espèces arctiques.

Cinq cadres étaient consacrés aux Coléoptères et on y admirait ces beaux Mélolonthides à couleurs métalliques spéciaux à l'Australie. Deux cadres contenaient des Cicadaires et des Hémiptères hétéroptères où se trouvaient de remarquables Nèpes. Un cadre de Névroptères offrait des Myrméléons et Ascalaphes, des Libellules et Agrions très-voisins des nôtres, une espèce d'*Acanthaclisis*, etc. Un cadre d'Hyménoptères contenait surtout des Sphégiens et Ichneumoniens. Deux cadres d'Orthoptères étaient d'un grand intérêt en raison des espèces étranges et bizarres de cet ordre, qui se plaisent sur les sols si fréquemment arides de la côte australienne. On y voyait des Phasmiens à très-larges ailes; un Orthoptère aptère du même groupe, de couleur foncée, à cuisses et jambes foliacées; un autre, également aptère, de taille énorme, d'un noir brun, à abdomen gonflé, de la forme des Eurycanthes, mais lisse, etc. Enfin, un cadre renfermant des Diptères, parmi lesquels on remarquait le riche groupe des Mydasides, représenté par de belles espèces de très-grande taille. Mêlées aux insectes australiens se trouvaient plusieurs petites espèces de Scorpions.

L'Exposition australienne présentait aussi un énorme nid de Termites, hémisphérique, en terre brune feuilletée, ayant à la base environ 1 mètre de diamètre, envoyé par M. J.-N. Norrie, de Sydney ; il a été acquis par notre collègue M. Künckel et donné par lui au Muséum. M. Künckel a eu aussi de l'Exposition des fragments de termitières en terre ochreuse provenant de la colonie anglaise de Natal (Afrique australe) et, entre autres, une curieuse chambre nuptiale, de forme trièdre, où réside la reine fécondée, énorme, immobile, comme un sac à œufs; le dôme de la chambre offre des trous par où entrent et sortent les mâles. La collection du collègue Rollin possède une chambre analogue, en terre blanche, provenant d'un termite indien.

Lecture. M. Girard dépose sur le bureau une note sur les *Collections entomologiques du Vénézuéla et de la Guyane anglaise à l'Exposition universelle de* 1867 :

Le petit envoi de la république de Vénézuéla contenait deux cadres : l'un de Lépidoptères et d'Hémiptères, parmi lesquels le Fulgore porte-lanterne, de même espèce qu'à la Guyane, et un autre était composé d'Hyménoptères et d'Orthoptères, et parmi ces derniers était une Blatte immense. En outre, un cadre, envoyé évidemment dans l'espoir d'une riche vente, contenait de magnifiques échantillons du mâle du splendide *Morpho Cypris*, et au milieu un *Morpho Amathonte.* Dans la Guyane anglaise se trouvait un cadre renfermant des *Morpho Menelas* et *Rhetenor*. Ces admirables papillons bleus de l'Amérique intertropicale sont recherchés aujourd'hui pour la parure des dames; les entomologistes semblaient avoir prévu ce galant usage en donnant à ces beaux insectes les plus doux noms de la mythologie antique. Décalqués sur le mica et entourés de pierreries, de sorte que les règnes animal et minéral semblent rivaliser d'éclat, ils forment de larges et splendides broches; ou bien, après que le crêpe apprêté a consolidé en dessous leurs ailes délicates et qu'un fin fil de métal soutient leur corps fragile, ils ornent la tête des dames, et l'on est aussi étonné que ravi de voir briller, au milieu d'un bal, ces magnificences de la création que la nature avare semblait vouloir réserver pour les clairières solitaires des forêts; il y a peu d'années, le *Morpho Cypris,* à l'azur chatoyant semé de macules de nacre, reçut sa consécration pour la mode européenne en figurant dans la coiffure de l'Impératrice des Français.

Séances d'Avril, Mai et Juin 1868.

— M. Maurice Girard adresse quelques observations relatives aux objets d'entomologie appliquée de l'Exposition universelle de 1867 :

Les collections d'entomologie appliquée destinées à l'enseignement professionnel étaient peu nombreuses à l'Exposition universelle de 1867, et disséminées un peu partout.

L'Académie impériale et royale d'agriculture d'Autriche avait envoyé une très-belle exposition relative au maïs, qui constitue une des céréales alimentaires principales de la partie sud de l'empire. On y remarquait les diverses variétés de maïs, les produits accessoires, esprit, bière, gomme, fécule, tissus, papier, des préparations microscopiques du maïs, des échantillons de ses diverses maladies qui sont probablement la cause de la pellagre répandue chez les populations nourries de la farine de cette graminée, et enfin, ce qui nous intéresse plus particulièrement, la série des insectes nuisibles au maïs. Ils comprennent, dans les Orthoptères : *Stenobothrus variabilis* (adulte et larve), *Decticus verrucivorus*, *Ædipoda migratoria*, qui est la sauterelle voyageuse et dévastatrice propre au midi de l'Europe et dont on trouve parfois des individus isolés dans les champs et les prés des environs de Paris ; parmi les Coléoptères : *Melolontha vulgaris* et ses larves, *Sitophilus granarius*, larves et graines attaquées, *Agriotes segetis, Melanotus niger,* larves et grains germant en terre attaqués, *Trogosita mauritanica* (1) et larves ; dans les Lépidoptères : *Tinea granella*, *Tinea cerealella*, larves, chrysalides et grains attaqués, *Botys silacealis*, chenilles, chrysalides, tiges creusées par les chenilles, *Plusia gamma*, larve, chrysalide, coque, *Agrotis tritici*, larve, chrysalide, cocon en terre.

L'exposition autrichienne (classe XII, salle 6) offrait encore une collection d'anatomie microscopique par M. T.-W. Hofmann, de la Société impériale et royale d'agriculture de Vienne, président de la section apicole. Les noms portés sur les étiquettes n'étaient pas toujours très-scientifiques; la collection comprenait, outre des tableaux indicatifs, 216 préparations entre deux verres, avec regards pour la loupe ou le microscope, selon la dimension des pièces. Les préparations se rapportaient à l'anatomie interne et externe des *Apis mellifica* et *ligustica*, aux pièces génitales, cellules diverses, etc. En outre, l'auteur y avait joint des insectes utiles et nuisibles aux abeilles. Dans les premiers il range, sans doute comme sécrétant du miel, les *Coccus racemosus* mâle et femelle, ses œufs, ses métamorphoses, ainsi que son Ichneumonien parasite. Les insectes nuisibles présentaient diverses préparations de la Gallerie de la cire avec nymphes et larves, le pou de l'abeille (*Braula cæca*), insecte assez peu nuisible, dénotant un affaiblissement de la ruche, causé par la vieillesse de la reine ou de la cire, la Guêpe, des Sphégiens, etc. Cette collection (2) a valu à M. Hofmann une médaille de bronze.

Dans les matières premières de la Prusse (galerie des machines, contre le mur extérieur), à coté des ruches du docteur Pollmann, de Bonn, était une très-intéressante collection d'apiculture du même exposant. Dans une série de cadres se trouvaient des reines, des mâles, des ouvrières des espèces ou races des *Apis mellifica* et *ligustica*, les métis, les abeilles dites noires, les mâles, avec pénis saillants, prêts à la fécondation, les cellules des diverses abeilles, les nymphes, les larves, la mère dans la cellule royale, les gaufres artificielles de cire pour aider à la confection des gâteaux, du couvain sain et du couvain atteint de pourriture ou *loque*. D'autres cadres contiennent les ennemis des abeilles, ainsi les deux espèces de teignes de la cire (*Galleria cerella* et *colonella*) avec les gâteaux où elles enlacent leurs fils, les abeilles qui meurent captives, et les cocons des Galleries; les frelons, les guêpes, bourdons, tous friands de miel, le pou de l'abeille (*Braula cæca*), l'*Acherontia atropos*, c'est-à-dire l'énorme *Sphinx* à tête de mort qui bouleverse les gâteaux pour sucer le

(1) Cette espèce est probablement au contraire utile, comme dévorant les larves des Calandres et des Teignes.

(2) Le Muséum d'histoire naturelle de Paris a fait l'acquisision de cette collection.

miel, les forficules, les araignées, les cloportes, les fourmis, divers oiseaux qui dévorent les abeilles, fauvette, hirondelle, rouge-gorge, bergeronnette, pivert, pic-épeiche, enfin le mulot et jusqu'à un petit ours en carton.

L'examen de la collection de M. Pollmann amène à quelques remarques intéressantes. L'auteur n'a pas compris parmi les insectes nuisibles aux abeilles le Clairon des ruches (*Clerus* ou *Thanasimus apiarius*) et peut-être à dessein. Il résulte en effet de diverses observations, qui ne sont au reste pas encore définitives, et notamment de celles de M. Hamet, que cet insecte, dont la larve est connue des agriculteurs sous le nom de *ver rouge*, n'est pas réellement hostile aux abeilles, mais vit de préférence de cire gâtée, de cadavres, d'excréments ; cela s'accorde bien avec une remarque curieuse de M. E. Perris, qui a trouvé la larve de cet insecte sous les écorces du pin maritime, au milieu de détritus et d'excréments de larves xylophages. M. Pollmann a oublié de joindre à ses insectes nuisibles, pour rendre la collection complète, le *Philanthus apivorus*, remplacé en Algérie, comme l'a vu M. H. Lucas, par le *Philanthus Abd-el-Kader*, et qui emporte une à une les abeilles percées par son aiguillon et en état d'anesthésie, fournissant ainsi à ses larves une proie toujours fraîche et sans défense. Il faut aussi ranger dans les insectes ennemis des abeilles les Libellulides de forte taille, qui chassent au vol autour des ruches et coupent en morceaux les abeilles dans la puissante cisaille de leurs mandibules ; tels sont les *Gomphus vulgatissimus*, *Libellula depressa*, *Anax formosus*, *Æschna maculatissima*, etc. Heureusement ces insectes ne sont pas assez communs pour faire de grands dégâts. La collection de M. Pollmann est du prix de 275 fr., et il y était joint un herbier apicole, c'est-à-dire contenant les plantes bonnes à cultiver autour des ruches à cause de leurs fleurs riches en miel ; cet herbier du prix de 75 fr. Il serait bon d'emprunter à l'Allemagne l'usage de ces intéressantes collections pour les élèves de nos fermes modèles et de nos écoles normales primaires.

Dans l'annexe italienne, où l'appareil entomologique principal était le château cellulaire isolateur de M. Delprino pour l'éducation des vers à soie, on voyait en outre une petite collection de Lépidoptères nuisibles, dont notre collègue M. Guenée a rendu compte dans sa note. (Ann. Soc. ent., 1868, 1er trim.)

Les Orthoptères nommés vulgairement sauterelles (*Acridium peregrinum*), qui ont ravagé l'Algérie en 1866 et 1867, ont fait une apparition à l'Exposition universelle sous forme de préparations assez médiocres de leurs divers états destinées à l'enseignement professionnel. Ils occupaient deux cadres accrochés au hasard dans une galerie, tout à fait déclassés, comme la plupart des objets concernant les sciences naturelles, et ont dû passer inaperçus pour la grande majorité des visiteurs.

La mort récente et imprévue de notre collègue le frère Milhau a empêché l'Institut agricole de Beauvais, dirigé par les frères, de placer à l'Exposition universelle, comme il en avait eu le projet, un envoi d'entomologie appliquée.

— M. Maurice Girard envoie une notice relative aux collections des Coléoptères nuisibles et utiles placées par M. Mocquerys à l'Exposition universelle de 1867 :

Notre collègue M. Mocquerys, d'Évreux, est presque le seul des exposants français pour les Insectes, et son envoi était placé dans la galerie II, près des préparations anatomiques, notamment des célèbres modèles clastiques du docteur Auzoux. M. Mocquerys a déjà présenté plusieurs fois, à diverses Expositions, ses envois, composés uniquement de Coléoptères, qui sont certainement l'ordre le plus étudié, mais qui ne sont malheureusement pas les seuls insectes dont nous ayons à redouter les ravages. Cette réserve faite, hâtons-nous de reconnaître tout l'intérêt des collections de M. Mocquerys, et le savoir approfondi de notre collègue pour le choix des espèces et les échantillons de leurs dévastations. Il me semble inutile de nous arrêter sur la nombreuse collection des Coléoptères nuisibles; M. Mocquerys a déjà rendu compte dans nos Annales d'un envoi analogue à l'Exposition universelle de 1855. (Voir Ann. Soc. ent. de France, 1856, p. 731.)

Je crois convenable de mentionner plus spécialement la partie de l'Exposition de M. Mocquerys qui se rapporte aux Coléoptères utiles, malheureusement si peu appréciés, si méconnus. Un cadre contenait la série des Carabes, des Calosomes, des Silphes, des Staphylins, des Coccinelles, tous choisis parmi les espèces de France qui détruisent en plus grand nombre les espèces d'insectes de divers ordres nuisibles à nos cultures. Je voudrais voir un cadre de ce genre dans chacune de nos écoles primaires, afin d'enseigner aux enfants le respect qui est dû à ces protecteurs de nos récoltes, aussi bien qu'aux nids des oiseaux insectivores.

Les insectes employés en médecine ont fourni à M. Mocquerys une curieuse réunion. Ils sont presque exclusivement formés des Coléoptères vésicants, et non-seulement de ceux qui sont usités, mais de ceux, dit M. Mocquerys, qui pourraient l'être ; ainsi les *Cantharis vesicatoria* et *segetum*, les *Mylabris variabilis*, fort probablement l'insecte vésicant des anciens, *cyanescens*, très-énergique comme l'a reconnu Farines, *Fueslini*, *4-punctata*, *geminata*, etc. On pourrait se servir de l'*Œnas afer*, espèce très-épispastique, de l'*Œnas crassicornis*, des *Epicauta verticalis* et *erythrocephala*, des *Alosimus collaris*, *Lydus trimaculatus*, *Coryna Bilbergi* (ou *Hycleus*), *Cerocoma Schæfferi* et *Schreberi*.

A ces insectes M. Mocquerys avait joint les espèces les plus répandues du genre *Meloe*, et on sait notamment que le *Meloe proscarabæus* est encore usité en Espagne dans la médecine vétérinaire, et en outre l'*Akis acuminata* et la *Cetonia aurata*. Ce dernier Coléoptère est fort préconisé en Russie pour la guérison de la rage, ainsi que M. Desmarest nous l'indique dans une note pleine d'intérêt (Ann. Soc. ent. de France, 1851, Bull., p. XLIV); malheureusement les expériences faites à l'École d'Alfort n'ont pas confirmé les heureuses espérances que les récits des journaux russes avaient fait concevoir. On a aussi conseillé l'emploi de la Cétoine dorée dans diverses affections graves, et, si mes souvenirs sont exacts, une pharmacie d'Agen tient en dépôt la poudre de cet insecte. Si nous n'employons en Europe que la *Cantharis vesicatoria*, on sait qu'en Chine, dans l'Indoustan et dans diverses parties de l'Orient on se sert comme épispastique des *Mylabris*, notamment du *Mylabris variabilis* ou *cichorii* (*Syn.* de la plupart des auteurs) et du *Mylabris pustulata*.

Les Méloés ont fait partie de l'ancienne pharmacopée, si bizarre et si complexe, et on leur attribuait des vertus héroïques dans plusieurs médicaments. C'est à eux, selon Latreille, que convient le mot grec de bupreste ou enfle-bœuf, à cause des accidents que causaient, dit-on, des insectes avalés par mégarde par le bétail avec l'herbe des prairies. Ils doivent agir sur les voies urinaires à la façon des Cantharides et des Mylabres; car Agricola dit en parlant de l'emploi des Méloés : *urinam potenter pellunt sed una sanguinem*. Cette action provient de l'inflammation de la muqueuse qui tapisse les urétères et la vessie. Il est à regretter que M. Mocquerys se soit borné sur ce sujet aux vésicants d'Europe et qu'il ait omis dans ses insectes vésicants une remarquable espèce de Montévideo, la *Lytta adspersa* (Klug). Comme l'a fait voir le docteur Courbon (C. R. Acad. des Sc., 1855, t. XLI, p. 1003), son action est plus énergique que celle de la Cantharide officinale, mais elle est tout à fait inoffensive à l'égard des organes urinaires, propriété précieuse pour la thérapeutique, permettant de placer impunément en toute région du corps les plus larges vésicatoires; cette précieuse espèce ne pourrait servir à des manœuvres lubriques ou criminelles. Cet insecte est excessivement commun aux environs de Montévideo et couvre de ses essaims les feuilles de la bette vulgaire; aussi s'est-il malheureusement jeté sur les betteraves lors de leur introduction dans la Plata, au point de compromettre leur culture, ainsi que je l'ai fait connaître dans nos Annales (1860, Bull., p. LXXIII). On voit donc combien il serait aisé de recueillir cette espèce en assez grande abondance pour remplacer les vésicants dans toutes les pharmacies d'Europe. Elle pourra devenir l'objet d'un commerce important; car on ne peut nullement songer à acclimater ce genre d'insectes, dont les larves, encore à peine connues, vivent en parasites dans les nids des Méllifiques sociaux ou solitaires, se cramponnant à leurs poils quand ces insectes viennent butiner sur les fleurs. Dans une étude complète des insectes vésicants on doit encore adjoindre une espèce employée dans l'Amérique du Nord, la *Lytta vittata*, qui vit sur les fleurs de pommes de terre.

Un dernier cadre de M. Mocquerys réalisait une application très-curieuse due à notre collègue M. Reiche (Ann. Soc. ent., 1860, Bull., p. LXV). Certains Coléoptères peuvent servir à reconnaître la pureté des laines en signalant les mélanges frauduleux de laines de valeur inférieure et d'une autre provenance. Un grand nombre de Coléoptères se rencontrent dans les *laines en toisons* du commerce; ils se mêlent à la laine des moutons quand ils se couchent dans les prairies ou se frottent aux buissons, où bien d'autres espèces sont attirées par les déjections, et enfin certaines s'introduisent dans les magasins où l'on conserve les laines avant de les expédier. Les experts peuvent donc tirer un grand parti de cet examen, vu la parfaite distinction des faunes locales, et nous allons citer les espèces caractéristiques et spéciales à chaque pays que présentait la collection de M. Mocquerys : ESPAGNE. *Nebria andalusica, Copris paniscus, Erodius Peyroleri, Asida hesperica, Goudoti, costulata, Sepidium bidentatum, Micrositus Ulyssiponensis, Anisorhynchus costatus.* Certaines de ces espèces seraient communes à l'Espagne et à l'Algérie. — RUSSIE. *Onitis Damœtas, Onthophagus Amyntas* et *leucostigma, Pentodon monodon, Serica euphorbiæ, Pimelia cephalotes, Tentyria taurica, Gnaptor spinimanus, Blaps confluens, Prosodes obtusa, Platyscelis gages, Pedi-*

nus tauricus, Trysibius tenebrioides, Dorçadion pigrum, Virleti, striatum et *sericatum.*

La liste des espèces d'Europe exposées par M. Mocquerys nous a paru devoir subir une réduction notable, qui y laisse au plus les espèces que nous venons de citer; car beaucoup d'autres, indiquées par notre collègue, sont de localités trop variées pour pouvoir être invoquées en preuve dans une expertise commerciale.

M. Mocquerys donne trois séries d'espèces pour les laines exotiques. — MAROC. *Chæridium semicribratum*, *Hybosorus Illigeri* (espèce trop générale), *Erodius bilineatus, bicostatus* et *validus, Pimelia Boyeri, Timarcha punctata.* — BUENOS-AYRES. *Baripus speciosus, Anisodactylus atrocyaneus, Selenophorus lubricipes, Pangus obtusus, Hister major, Dermestes vulpinus* (espèce importée), *Chæridium breve, litigiosum, cupreum, violaceipenne, corvinum, bidentatum, viduum, nitidum, cupricolle, Canthidium sulcicolle, Phaneus splendidulus* et var. *menalcas, Aphodius consputus, Oxyomus bonariensis, Tróx gemmiferus, Heterogomphus pausòn, Phileurus vervex, Lygidius fossor* et *rugifrons, Chalepus brevis, Heteronyx aphodioides, Cœlodes discus, Alphitobius diaperinus* et *piceus, Disonycha gratiosa, Coccinella anchoralis.*—AUSTRALIE. *Onthophagus cupreoviridis* et *granulatus, Oxyomus sculptus, Aphodius Australasiæ, Heteronyx oblongus, Liparetrus hirsutus, vestitus* et *nigrinus, Pyronota festiva, Saragus lævicollis, Pteroheleus Reichei, Chalcolampra luteicornis.*

Nous croyons que ces listes de M. Mocquerys pourront peut-être avoir leur utilité, et c'est ce qui nous a engagé à les reproduire, afin qu'on puisse les consulter au besoin pour une expertise.

— M. Maurice Girard fait déposer sur le bureau une dernière note au sujet de l'Exposition universelle de 1867, comprenant quelques détails sur divers appareils et produits d'entomologie appliquée :

C'est principalement à Billancourt, dans cette annexe assez malheureusement choisie de l'Exposition et si peu visitée en raison de la distance, que se trouvaient placés les appareils d'entomologie appliquée. A l'exception des ruches, dont nous ne parlerons pas ici et qui occupaient un compartiment spécial, on voyait, sous le hangar B, trois appareils dont nous devons faire mention. On sait que dans le midi de la France les fourrages naturels et artificiels sont dévastés par un Coléoptère que sa couleur a fait nommer le *Négril;* c'est le *Colaphus ater* Oliv., ou *Colaspidema* Cast., de la famille des Eumolpides. M. Badoua-Gommard, de Toulouse, a imaginé contre cet insecte une machine à laquelle il donne le nom trop général d'*échenilleuse.* C'est une vanne inclinée, en toile d'emballage, qu'on promène sur les fourrages en les courbant sans les casser, de sorte que les insectes tombent dans une bâche en tôle disposée en avant ; le prix est peu élevé, 60 fr., et une seule personne peut manœuvrer la machine à la main.

Près de cette machine les yeux étaient frappés par un appareil d'aspect étrange, imaginé par M. Rigon, de Chelles (Seine-et-Marne). C'est un haut bicône de plus d'un mètre, en toile métallique, tenu par un manche et qu'on pose à terre sur le trou d'entrée du nid de la Guêpe commune, le soir ou le matin, quand les insectes sont rentrés; on met de la terre tassée autour de la base pour arrêter l'air et on ouvre un registre inférieur. Les Guêpes, forcées de respirer, montent toutes dans le bicône et on les flambe. C'est là bien de l'embarras pour les guêpiers à orifice horizontal, pour lesquels il est si simple de détruire la funeste engeance en versant de l'eau bouillante; mais l'appareil de M. Rigon peut devenir très-utile si le trou d'entrée est percé dans un talus vertical, ou s'il s'agit des guêpiers placés sur les arbres, dans leurs troncs, contre les murs, comme cela a lieu pour la Guêpe des arbustes, les Frelons, les Polistes, ou enfin pour s'emparer d'essaims d'Abeilles placés dans des cavités dont ils ne veulent pas sortir. Le pied du bicône est muni d'un large disque de caoutchouc pouvant se modeler sur toutes les surfaces, et le bicône se place alors dans toutes les inclinaisons. L'inconvénient capital de cette machine un peu compliquée me paraît son prix assez élevé, 60 fr. si elle est construite en treillis de fer, qui est très-altérable à la rouille, et 110 fr. en cuivre. C'est bien cher pour des Guêpes, et je crois que, malgré les méfaits de ces insectes, les horticulteurs hésiteront à acheter le bicône de M. Rigon. Je pense que le meilleur moyen pour diminuer le nombre des Guêpes, si nuisibles aux fruits et qui sont le plus grand obstacle à l'acclimatation des nouveaux Vers à soie, est de chasser au printemps au filet les mères Guêpes, source des colonies dévastatrices de l'automne, en les attirant au moyen de groseilliers-cassis en fleurs, sur lesquelles elles se jettent avec frénésie.

Dans le modèle de ferme construit par M. Giot près de la porte en regard de l'École Militaire se trouvait un poulailler roulant, destiné à la destruction des Vers blancs. Nous avons rendu compte précédemment et avec détail de la mise en pratique de cette ancienne idée de Parmentier (Ann. Soc. Ent., 1866, p. 570).

Au Palais, dans la classe 43, se trouvaient réunies les diverses poudres insecticides Vicat, Zacherl (médaille de bronze), Mazade et Daloz, Willemot : ce dernier avec nombreux échantillons de pyrèthre du Caucase. La Société entomologique s'est déjà occupée, à diverses reprises, de l'effet de ces poudres : il est incontestable, au moins sur certains insectes; il est probable qu'il y a à la fois action toxique spéciale et asphyxie résultant de l'occlusion des stigmates des trachées par une matière pulvérulente très-ténue.

Les appareils concernant les Vers à soie ont été l'objet d'un autre travail et nous n'y reviendrons pas ici; signalons toutefois une machine exposée à Billancourt sous le hangar B, du prix de 2,400 fr., construite par M. Fontaine, d'Avignon (Vaucluse). Elle se compose d'une série de cadres étagés, en treillis de toile, chaque cadre pouvant s'enlever horizontalement à volonté au moyen de galets roulants. Elle est destinée à étouffer les chrysalides des cocons au moyen de l'air chaud, ce qui est le procédé qui altère le moins la soie et peut servir aussi à sécher les conserves et à enfumer les salaisons; sans ces usages multiples et successifs son prix serait bien élevé.

Il aurait été à désirer que des comptes rendus un peu détaillés eussent pu mettre la Société en état d'apprécier quelques autres collections auxquelles je n'ai pu donner, bien à regret, qu'un examen insuffisant : ainsi celle des Coléoptères du Maroc par M. L. Dupuis, la magnifique collection locale de l'île de Cuba, dans l'annexe espagnole, le plus bel envoi de ce genre que présentait l'Exposition, rassemblée par M. J. Gundlach et qui offrait le plus grand intérêt de géographie zoologique ; enfin l'intéressante collection de notre collègue le docteur Abdullah-Bey (médaille d'or), riche en insectes de Syrie et de Perse, contenant aussi de magnifiques coquilles du golfe Persique, destinée à former le premier noyau d'un musée d'histoire naturelle à Constantinople, pour lequel le sultan Abd-ul-Aziz a accordé un firman.

NOTES DIVERSES

Par M. Maurice GIRARD

Séances de Mai et Juin 1368.

— M. Berce donne quelques renseignements sur un petit Lépidoptère, la *Teigne des pierres à fourreau triangulaire* de Geoffroy, *Solenobia* Duponchel, *lichenella* Zeller (*Solenobia petrella* Guenée), qu'il a déjà trouvée dans la forêt de Fontainebleau l'année dernière, et qu'il a pu étudier de nouveau cette année, conjointement avec M. Jourdheuille.

Notre collègue montre plusieurs individus mâles et femelles de cette espèce, ainsi que le fourreau : celui-ci est commun sur les rochers, les vieilles clôtures et barrières en bois, dont la chenille mange les lichens. Le mâle éclôt du 15 au 20 mars; il se tient appliqué pendant le jour contre les rochers un peu ombragés; il n'est pas toujours très-facile à apercevoir, à cause de sa petite taille et de sa couleur qui se confond avec celle des rochers; mais avec un peu d'attention et d'habitude on parvient à en prendre un certain nombre. La femelle, complétement aptère comme la plupart de celles du même genre, se tient immobile à l'extrémité de son fourreau; son éclosion n'a lieu qu'un mois après celle du mâle, c'est-à-dire vers la fin d'avril. Des fourreaux recueillis à cette époque au nombre de plus de cent n'ont tous donné que des femelles.

—

Lectures. M. Maurice Girard adresse la note suivante, relative à une communication présentée dans la précédente séance par M. Berce, au sujet de la *Solenobia lichenella* :

Les faits constatés par MM. Berce et Jourdheuille ont, dit-il, un grand intérêt. Les fourreaux recueillis par eux au premier printemps, tant en

1867 qu'en 1868, n'ont donné que des femelles aptères. Nos collègues supposent que les mâles éclosent séparément, un mois plus tôt, et se cacheraient, s'accouplant sans doute le soir, car ils ont échappé à leurs recherches. Je dois faire remarquer que l'espèce *Solenobia lichenella,* à fourreaux triquètres, est une des espèces de Psychides sur lesquelles, en Allemagne, MM. Siébold et Leuckart ont constaté la parthénogénèse (Ann. des Sc. nat. Zool., 4e série, 1844, t. VI, p. 193). Ils ont eu aussi, comme MM. Berce et Jourdheuille, des fourreaux ne donnant naissance qu'à des femelles, et celles-ci, séquestrées et sans accouplement, ont pondu des œufs d'où sont nées de petites larves construisant aussitôt des fourreaux et ne produisant que des femelles, et ainsi de suite pendant plusieurs générations. Ils supposent que le concours des mâles est nécessaire pour donner aux femelles la possibilité de pondre des œufs de mâles; ce serait pour les Psychides l'inverse de ce qui a lieu pour les Abeilles, où les femelles, par une parthénogénèse également incomplète, peuvent produire seules des œufs de mâles. Enfin, chez le Ver à soie et chez divers Bombycides il y aurait rarement certains œufs de femelles vierges donnant naissance à l'un et l'autre sexe. On ne peut qu'engager nos collègues à continuer à Fontainebleau leurs investigations sur la *Solenobia lichenella,* en recherchant les points suivants : tâcher de découvrir les mâles, examiner la ponte des femelles, vérifier si les œufs sont féconds.

D'après les auteurs allemands, si l'on obtient de ces œufs une éclosion de mâles, cela confirmerait l'hypothèse de mâles nés bien auparavant et se cachant ou périssant aussitôt après la fécondation; si, au contraire, ces œufs ne donnent que des femelles, on serait dans le cas d'anomalie cité précédemment. Ce qui reste encore d'obscur, ce sont la manière dont se produisent les mâles, la nécessité de leur intervention au bout d'un certain nombre de générations, les différences que peuvent offrir les œufs et les larves, etc.

— M. Girard fait la communication suivante :

J'ai eu l'occasion d'observer tout récemment dans les campagnes de la Brie et dans la forêt d'Armainvilliers quelques points d'entomologie sur lesquels je crois pouvoir appeler l'attention de la Société.

Depuis plusieurs années les pommiers qui sont plantés sur les bords des routes étaient atteints par les ravages des Yponomeutes (Microlépid.). Cette année le fléau est plus intense que je ne l'avais vu jusqu'à présent. Les petites chenilles vivent en société sous des toiles qui les préservent de la pluie et du soleil et sous lesquelles elles dévorent le parenchyme des feuilles, puis passent plus loin détruire de nouveaux organes respiratoires, de sorte que la même troupe promène la dévastation en un grand nombre de points de la même plante. Les petites pommes, privées en partie d'air et de lumière sous les toiles, avortent et tombent. Comme les jardiniers du pays l'ont bien reconnu, deux espèces, qui diffèrent surtout par les couleurs de leurs chenilles, ravagent actuellement les pommiers des routes, comme aussi ceux des vergers et jardins. Ce sont, dans la spécification et la synonymie si embrouillées des Yponomeutes, la plus commune, l'*Yponomeuta evonymella* Scop. (*cognatella* Dup., *malinella* Gour.), et l'*Y. variabilis* Zell. (*padella* Linn., Dup.). On avait rarement vu, dans la Brie, lors de la floraison, une aussi riche préparation des pommiers que cette année. Les Yponomeutes préparent de cruels mécomptes, surtout si la chaleur probable de cette année amène l'éclosion en automne des œufs que vont produire d'innombrables papillons. Le cidre constitue dans la Brie, comme en Normandie et en Picardie, la principale boisson des paysans, et son abondance sera fort diminuée.

Les chaleurs intenses et précoces du printemps de cette année 1868 ont amené naturellement des éclosions rapides de Lépidoptères. Pour ne parler que des grandes espèces qui caractérisent la faune de nos bois, le *Nymphalis populi* (Grand Sylvain) a paru au milieu du mois de mai, et on ne le voyait plus voler sur les routes des bois au 10 juin. Il était remplacé déjà par l'*Apatura ilia* (Petit Mars), et en outre on voyait commencer à apparaître les grandes espèces d'Argynnes (*A. paphia, adippe, aglaia*).

NOTE

SUR

l'Entomologie de l'Amérique du Nord

CONSIDÉRÉE SPÉCIALEMENT AU POINT DE VUE DES ESPÈCES IDENTIQUES ET ANALOGUES A CELLES D'EUROPE

avec indications de mœurs inédites

D'APRÈS LES COLLECTIONS DU CANADA ET DE LA NOUVELLE-ÉCOSSE DU PALAIS DE L'EXPOSITION UNIVERSELLE DE 1867

ET LA COLLECTION DU MEXIQUE EXPOSÉE AU MINISTÈRE DE L'INSTRUCTION PUBLIQUE.

Par M. MAURICE GIRARD.

(Séance du 12 Février 1868.)

I. Canada ET Nouvelle-Écosse.

L'intérêt capital, à mes yeux, de la collection de Lépidoptères envoyée par les dernières régions civilisées du nord de l'Amérique, c'est que certaines espèces sont les mêmes qu'en Europe; cela s'explique par la communication qui a existé autrefois par le Groënland entre les deux continents, dont les régions boréales avaient en outre un climat beaucoup plus doux qu'aujourd'hui, surtout pour l'Amérique. Ainsi existent dans la collection des deux pays : *Pyrameis cardui*, pareille à l'espèce d'Europe, et *Vanessa morio*, un peu modifié, comme la race du Mexique, sur la bordure jaune, qui est plus chargée d'atomes noirs que dans la race européenne. Au Canada se trouvent complétement identiques les espèces Hétérocères européennes suivantes : *Orgya antiqua, Leucania pallens, Agrotis suffusa* et *plecta, Gonoptera libatrix, Xylina vetusta, Cucullia umbratica. Plusia gutta* ou *punctata, Pyralis farinalis, Scotosia undulata* et *dubitata, Coremia propugnata,* plusieurs *Cidaria.* Il faut encore joindre aux espèces identiques la *Pieris rapæ* (Rhopal.), et la *Deilephila lineata* (Hétér. Crépusc.).

Il existe un certain nombre d'espèces distinctes de celles de l'Europe, mais très-voisines, au point qu'on peut parfois se demander si les auteurs américains qui les décrivent n'ont pas fait des espèces avec des races locales. Nous citerons dans les espèces qui se trouvaient à la fois dans les collections du Canada et de la Nouvelle-Écosse (Halifax) : l'*Amphidasis cognataria* (Guén.), espèce très-voisine de *betularia,* le *Polyommatus americanus* (d'Urban), très-voisin de *phlæas,* les *Smerinthus geminatus* (Say) et *excecratus* (Smiths), tous deux à ailes inférieures ocellées et ressemblant, quoique bien distincts, à notre *Smerinthus ocellatus,* ce qui peut expliquer l'erreur de quelques personnes que notre espèce serait venue du Canada

On remarquait dans la collection de la Nouvelle-Écosse des Coliades et Piérides très-voisines des nôtres, ainsi que des Argynnes très-rapprochées des espèces *euphrosine* et *aphirape,* un *Papilio* très-voisin de notre *machaon,* le *P. Turnus,* de taille réduite, une *Arctia* très-voisine d'*urticæ,* une *Catocala* analogue à *fraxini,* et la *Catocala concumbens* (Walker), à ailes inférieures carminées, voisine de *pacta.*

Dans la collection du Canada figuraient : *Chelonia americana* (Harris), très-voisine de *caja,* à ailes inférieures jaunes, peut-être une simple modification de notre race jaune de *C. caja, Clostera americana,* qui paraît tout à fait être notre *reclusa, Clysiocampa sylvatica* (Harris), espèce très-voisine de *neustria,* une *Acronycta,* très-rapprochée de *psi, Amphipyra pyramoides* (Guén.), très-voisine de *pyramidea, Hibernia tiliaria* (Harris), ressemblant beaucoup à *defoliaria, Anisopteryx restituens* (Walker), qui paraît plutôt une *Cheimatobia* voisine de *boreata,* plusieurs petites espèces de Géomètres et de Noctuelles, etc.

On doit citer parmi les Diurnes canadiens très-voisins des nôtres les *Grapta comma* (Harris), Vanessa *Milberti* (Encycl.), *J. album* et *huntera, Lycæna pseudargiolus* (Boisd.).

A côté de ces espèces très-voisines et dont certaines, pour les partisans de la variation des espèces, seraient peut-être des races géographiques, se trouvent des types étrangers à l'Europe. Ainsi la *Danais archippus* (Fabr.), des collections du Canada et de la Nouvelle-Écosse; cette espèce, très-commune, se rencontre depuis le Brésil jusqu'au nord de l'Amérique, vivant sur les Asclépiadées, et peut supporter des froids très-vifs, tandis que sa congénère de l'Ancien-Monde, la *Danais chrysippus,* n'a pas même pu s'acclimater dans les chaudes régions du sud de l'Europe, sauf peut-être quelques îles de l'Archipel, car cette espèce, trouvée au commencement du siècle dans le royaume de Naples, sans doute par le fait de quelque transport accidentel avec des végétaux, y fut détruite par le rigoureux hiver de 1808.

Les Attacides du Canada ont un grand intérêt. On y voit : *Eacles imperialis* (Drury), *Attacus io* (Fabr.), réduit en taille ; enfin les espèces suivantes se trouvaient dans les cadres exposés : *Attacus luna* et *prometheus* (Drury) avec cocons, *A. polyphemus* (Fabr.) et *cecropia*. Cette dernière espèce existait aussi dans la collection de la Nouvelle-Écosse. Il est important de voir vivre sauvages dans des climats aussi rigoureux ces quatre *Attacus,* car on a là la preuve qu'on pourra réussir dans les essais d'acclimatation.

Quelques Névroptères intéressants existaient mêlés aux Lépidoptères de la collection du Canada; ainsi des types américains spéciaux comme le *Corydalis cornutus,* qui se trouve dans toute l'Amérique du Nord, et le *Chauliodes serricornis,* enfin le *Polystoichotes punctatus* (Fabr.), genre intermédiaire entre *Osmylus* et *Myrmeleo.* Un exemplaire de cette belle espèce canadienne aux ailes tachetées m'a été donné par M. A. Eloffe, qui avait si habilement préparé la belle collection des Vertébrés du Canada et de la Nouvelle-Écosse. Il avait été trouvé entre les pailles d'un nid d'oiseau apporté sans doute pour nourrir les petits.

II. **Mexique.**

Une remarquable exposition d'histoire naturelle a été offerte en 1867 à la curiosité générale et à l'investigation attentive des savants, dans des conditions spéciales qui ont malheureusement un peu diminué l'utilité qu'elle pouvait offrir. Elle a manqué d'une publicité suffisante, et beaucoup de personnes ont ignoré qu'au ministère de l'Instruction publique, à côté d'une série d'objets relatifs à l'enseignement spécial et primaire, se trouvait une collection zoologique recueillie au Mexique dans ces dernières années, soit par les membres de la commission attachée à l'expédition française, soit par diverses personnes.

Il y a donc, je crois, un assez grand intérêt à faire connaître aux entomologistes quelques détails relatifs à l'exposition mexicaine, et j'ai été assez heureux pour obtenir, dans les renseignements qui m'ont été donnés avec une grande obligeance, l'indication de quelques faits de mœurs d'insectes encore inconnus. On sait combien la science entomologique est encore pauvre sous ce rapport pour les espèces exotiques; les correspondants envoient d'habitude tout au plus le nom des localités, et l'on ignore complétement le genre de vie et les habitudes de la plus grande partie des espèces étrangères à l'Europe.

Parmi les membres de la commission scientifique se trouvait M. Bocourt, délégué par le Muséum, et déjà avantageusement connu du monde savant par une mission analogue dans le royaume de Siam. Les connaissances spéciales de M. Bocourt ont rendu surtout ses services importants pour la collection des animaux vertébrés; ce n'est qu'accessoirement que M. Bocourt s'est occupé d'entomologie. Cependant ses envois en fait d'insectes comprenaient vingt-quatre boîtes renfermant environ quinze cents sujets de tous les ordres. Il n'y avait pas d'espèces nouvelles, du moins à l'égard des Coléoptères et des Lépidoptères; mais certaines espèces fort rares méritent d'être citées. J'ai remarqué sous ce rapport dans les Coléoptères les *Malaspis Moreleti* (Céramb.), et *Plusiotis Adelaida* et *costata* (Scarab. Rutel.), de l'État de Mexico, d'un riche vert pomme avec des bandes de feu; d'après M. Lucas (Ann. Soc. ent., 1865, p. 204 et 205); ce sont même là les vrais types de ces espèces.

Parmi les Lépidoptères de M. Bocourt, il faut signaler comme espèces rares : *Victorina superba* (Bates), nymphalien, *Heliconia sapho* (Godart), *Synchloe goudialis* (Bates), Argynnien. A un autre point de vue il était intéressant de retrouver dans ces espèces mexicaines les *V. morio* du type américain, très-sensiblement identique au nôtre, avec atomes noirs de la bordure plus nombreux, *P. atalanta* à bandes rouges un peu rétrécies aux deux ailes, *P. cardui*, pareil au nôtre, *P. huntera*, espèce très-voisine de la précédente, existant également dans la collection du Canada.

La collection de M. Bocourt offrait aussi un certain nombre d'insectes des autres ordres, notamment un très-grand et remarquable Agrionide (Névr.) à bouts d'ailes maculés de noir.

La plus grande partie des insectes exposés avaient été récoltés par M. A. Boucard, qui passa plusieurs années au Mexique, comme correspondant de la commission scientifique française et de la Société zoologique de Londres.

M. Boucard a publié un catalogue contenant 1,135 espèces de Coléoptères, dont un grand nombre, destinés à la vente courante, n'ont pas d'intérêt spécial. Il est utile, pour les amateurs éclairés, de signaler des espèces nouvelles ou rares manquant encore dans la plupart des collections. Nous citerons dans l'ordre habituellement suivi pour les Coléoptères : *Cicindela semicircularis* (Klug), espèce à peine connue, non retrouvée depuis vingt ans; *Cicindela Catharinæ* (Chev.), *aurora* (Thomson), *luteolineata* (Chev). *Craveri* (Thoms.), *nov. sp.*, de Cuernavaca, les *Calosoma peregrinator* (G. Mén.), *angulatum* (Chev.), *pólitum* (Chaudoir), *nov. sp.*, une *Galerita*, *nov. sp.*, de Cuernavaca, les *Coptodera elongata* (Putz.), *Emydopterus subangulatus, Panageus Sallei* (Chaud.), *Pasimachus Sallei,* (Chaud.), *mexicanus* (Gray), *nov. sp.*, de Mexico, divers *Chlænius* nouveaux, le *Pristonychus mexicanus* (Chaud.), une quantité de *Colpodes, Onypterygia, Bembidium* et autres carnassiers, d'espèces nouvelles, les *Cybister lævigatus* (Oliv.), *Hydaticus marmoratus* (Hope), un *Hydrophilus, nov. sp.*, les *Staphylinus fulvomaculatus* (Erich.), *ferox* (Nordm.), *atrox* (Nordm.), *versicolor* (Grave), etc., *Lioderma grande* (Mars.), etc.

Parmi les Scarabéiens nous avons remarqué les *Phaneus mexicanus* var. bleue (Klug), *damon* (Cast.), *tridens* (Cast.), le *Bolboceras lazarus* (Cast.), un *Athyreus nov. sp.*, le *Ceratrotrupes fronticornis* (Jek.), le *Polyphylla Petiti* (G.-Mén.), les *Plusiotis Adelaidæ* (Hope), *laniventris* (Sturm), *Botteriana* (Sallé), les *Chrysina Adolphi* (Chev.), *macropa* (Fabr.) et *Truquii* (Thoms.), les *Chlorota cincticollis* (Blanch.), *Phalangogonia nigriventris* (Sallé), *Golofa imperialis* (Thoms.), *Megalosoma elephas* (Fabr.), un *Phileurus, nov. sp.*, la *Cotinis pyrrhonota* (Burm.), les *Gymnetis Dysoni* (Chaume), *radiicollis* (Burm.), *Sallei* (Chaume), *Inca Sommeri.*

Nous citerons encore la *Psiloptera calchonota* (Klug), un *Hyperantha, nov. sp.*, le *Buprestis catoxantha* (Cast.), la *Callirhipis mexicana* (Sturm), et trois espèces nouvelles de ce genre, les *Cymathodera Hopei, Platynoptera mexicana, Zopherus Bremei* (G.-Mén.), *nervosus* et *nov. sp.*, *Pelecyphorus clathratus* (Sol.), *fallax* (Sol.), plusieurs espèces nouvelles d'*Epicærus*, les *Attelabus somptuosus* et *nov. sp.*, les *Mallaspis longiceps, Hammoderus Hopfneri* (Dej.), *Buqueti* (Tasté) et *nov. sp.* blanc, *Ptychodes longipennis* (Dej.), *Stenaspis superbus, Deltaspis rufofemoratus* (Sturm), *cyanipes* (Dej.), *Plagionotus Klugi, Doryphora Sheppardi* (Baly.), 10-*stellata* (Stal.), *guttifera* (Chevr.), etc.

Nous bornerons ici cette liste, bien suffisante pour donner aux amateurs de Coléoptères une idée des riches conquêtes que cinq années de séjour au Mexique ont procurées à M. Boucard, et qui lui permettent d'évaluer à plus de mille les espèces nouvelles de tous les genres de cet ordre si recherché. En admettant dans ce chiffre une certaine exagération, il n'en reste pas moins un beau contingent scientifique, que nous espérons voir utiliser pour les publications futures, en souhaitant que le moins grand nombre possible de ces espèces nouvelles demeure enfoui dans ces collections stériles, arcanes jalouses interdites à l'étude.

La collection de Lépidoptères exposée par M. Boucard comprenait 350 espèces, dont 200 de Rhopalocères ou Diurnes, et 150 d'Hétérocères ou Nocturnes. On remarquait 22 espèces du grand genre *Papilio*, parmi lesquelles l'espèce si rare nommée *P. asterias* (Fabr.), ou *asclepias* (Hübn.), ou *Cincinnatus* (Boisd.), et entre autres deux exemplaires d'une parfaite conservation. Le Muséum d'histoire naturelle était une des seules collections qui possédassent jusqu'alors cette espèce si recherchée et si peu commune.

Il faut encore citer les *P. thoas* (Linn.), *daunus* (Boisd.), très-belle espèce encore peu répandue dans les collections, *epidaus* (Boisd.), *polydamas* (Linn.), *philenor* (Linn.), *photenus* (Doubl.), *timbreus* (Boisd.), *philolaus* (Boisd.), *polycaon* (God.), *macrocilaus* (Boisd.), *Marchandi* (Boisd.), papillon à fond orangé.

Quatre exemplaires de cette dernière espèce extrêmemement rare ont été remis à M. Boucard par M. A. Legrand, jeune naturaliste auquel la science est déjà redevable de plusieurs belles collections de Lépidoptères mexicains. Nous félicitons M. Legrand de son zèle entomologique, en espérant que cette mention pourra lui parvenir et sera pour lui un encouragement à persévérer dans ses recherches. L'indifférence pour les lettres et les sciences n'est que trop fréquente dans la jeunesse d'aujourd'hui; heureux ceux qui suivent avec courage les voies de l'étude et du travail.

Viennent en outre deux *Papilio* non déterminés, probablement nouveaux. Parmi les Piérides nous avons remarqué *Euterpe charops* (Boisd.), *Eucheira socialis* (Westw.), une espèce d'*Eucheira*, probablement nouvelle, deux espèces de *Leptalis*, dont une nouvelle, les *Pieris monuste* (God.) et *elodia*, *Nathalis iole*, *Rhodocera clorinde* (God.) et *Gueneana* (Boisd.), cinq espèces de *Callydryas*, *cypris*, *philea*, *agarithe*, *marcellina*, etc., la *Colias cæsonia* (God.), la *Danais archippus*, notamment un exemplaire de très-grande taille, espèce très-commune au Mexique, existant dans presque toute l'Amérique, remontant près des régions arctiques, la *Danais berenice*, trois espèces d'*Ageronia*, sept d'*Heliconia*, l'*Acræa zelone* (Boisd.), le *Morpheis Ehrenbergei* (Doubl.), les *Erezia smerdis* (Hewitson) et *ezorias* (Boisd.), *Semelia alifera* (Boisd.), *Eveides anaxa* (Boisd.), *Agraulis ju-*

lia, *juno*, *moneta*, etc., *Argynnis hegesia* (Cram.), *Melitæa xanthe* (Boisd.), diverses espèces de *Synchloe*, *Vanessa*, *Anartia*, *Victorina*, *Amphirene*, *Marpesia*, trois espèces de *Timetes*, dont une nouvelle, deux espèces de *Pyrrhogyra*, une espèce nouvelle de *Miscelia*, à ailes supérieures d'un bleu magnifique, genre voisin des *Vanessa*, le *Cybdelis dinamena* (Doubl.), espèce très-jolie et toujours rare, trois espèces probablement aussi du genre *Cybdelis* et nouvelles, la belle espèce *Epicalia esite* (Boisd.) et *nyctimus* (Westw.), trois espèces de *Catagramma*, deux espèces d'*Eubagis*, le *Paphia glycerium* (Doubl.) et deux nouvelles espèces de ce genre, les *Morpho polyphemus*, ♂ et ♀, *Pavonia teucer* (Linn.), des *Euptychia*, *Libythea*, *Nymphidium*, *Nelone*, *Eumæus*, etc., trente espèces de *Thecla*, *Polyommatus*, *Lycæna* et genres voisins, dont beaucoup sont nouvelles, trente espèces d'Hespériens, parmi lesquelles les *Goniurus proteus* (Fabr.), *Eudamus eurycles* (God.), *Eudamus clonias*, *Pamphila oileus* (Linn.), des *Pyropyga* et d'autres genres avec quelques espèces nouvelles.

Parmi les Hespériens du Mexique il y a des espèces qui ressemblent beaucoup aux espèces d'Europe, telles que *sylvanus*, *comma*, *sidæ*, *alveolus*.

La majeure partie des cent cinquante espèces de papillons nocturnes est formée d'espèces nouvelles. Nous avons à signaler dans les espèces rares : *Hematerion hebraus* (Cram.), *Copena maja* (Fabr.), *Charidea candens* (Boisd.) et *arrogans* (Boisd.), *Xantheris isis* (Boisd.), *Melandia cyphys* (Cram.), *Bombyx psidii* (Sallé), *Macroglossa titan* (Cram.), *Thyreus lugubris* (Fabr.), *Sphinx singulata* (Fabr.), *Erebus odora* (Fabr.), *Attacus Orizabæ* (Westw.), etc.

Il est probable que la plupart de ces nouvelles espèces de Lépidoptères seront publiées par les entomologistes zélés de l'Angleterre et de l'Allemagne; il est triste pour nous de nous voir devancés par les étrangers dans presque tous les travaux récents sur l'histoire naturelle; l'abandon, j'ose dire systématique, qui a été fait dans l'enseignement secondaire et dans les examens de la science qui illustrait Geoffroy Saint-Hilaire et Cuvier amène aujourd'hui ses conséquences inévitables.

Les Lépidoptères Hétérocères de l'Amérique du Nord présentent, comme les Diurnes, quelques espèces pareilles ou très-analogues à celles de l'Europe, et dont le nombre va en diminuant en même temps qu'on s'avance vers le Sud du Nouveau-Continent; les différences des faunes s'accentuent de plus en plus à mesure que les terres sont séparées par de plus vastes mers. J'ai remarqué dans la collection mexicaine de M. Boucard la *Dejopeia pulchra*, présentant une variété pareille à celle qu'on trouve en

France, ayant beaucoup moins de points rouges aux ailes supérieures. On pouvait voir une *Catocala*, ressemblant à s'y méprendre à notre *C. nupta*, un peu plus grande, d'espèce sans doute identique, modifiée par le climat de la même manière que le *Mario* et le *Vulcain*. Il y avait un exemplaire unique d'une *Sesia* fort curieuse, à peu près de la taille de la *S. asiliformis*, ayant les pattes postérieures très-aplaties et munies de longs poils; une *Sesia* analogue est figurée dans Hübner, provenant de l'Amérique du Nord. C'est peut-être la même espèce.

Quant aux Hyménoptères, que je ne connais pas assez pour en parler avec détail, je me bornerai à dire que j'ai trouvé dans la collection mexicaine l'Ammophile des sables pareil à l'espèce d'Europe.

A côté de cette longue nomenclature d'espèces curieuses ou rares de Lépidoptères viennent se placer quelques faits de mœurs intéressants à citer, parce que plusieurs sont inédits. Le *Bombyx psidii* (Sallé) n'était pas accompagné des nids soyeux qui ont été exploités à Cordova, comme l'a fait connaître notre collègue M. Sallé (Ann. Soc. ent., 1857, 3e série, V, p. 15.). On pouvait au contraire contempler dans un cadre la toile de l'*Eucheira socialis* (MM. Westwood, Lucas), contenant sous une enveloppe commune des cocons séparés, non adhérents, comme cela a lieu chez nos Processionnaires du chêne et du pin, ce qui constitue un détail de mœurs remarquable chez les Diurnes; car nous sommes habitués à voir les Piérides d'Europe ayant des chrysalides nues, simplement suspendues par une ceinture de soie ou un lien caudal. M. Boucard a remarqué que le rare *Pap. cincinnatus*, trouvé en août 1866 à Cuernavaca, se pose par terre dans les lieux humides; il a vu que les *Callydryas* du Mexique recherchent les bords des rivières et que, en raison de leur grand nombre, lorsqu'elles sont posées les unes à côté des autres, elles forment par leurs vives couleurs comme des taches sur le sol d'un éclat éblouissant; on peut en prendre une centaine d'un seul coup de filet. La *Colias cæsonia* (Godart) vit sur les fleurs dans les prairies et a un vol rapide, de sorte qu'on prend cette espèce difficilement.

Les Héliconies, genre particulier à l'Amérique, sont remarquables par leur vol lent et comme distingué; c'est toujours dans les grandes forêts qu'on les trouve, et ces papillons semblent aimer tout particulièrement la solitude. Le *Morpheis Ehrenbergei* (Doubl.), très-commun à Cuernavaca, d'où M. Boucard l'a rapporté, offre à l'état de chenille des mœurs sociables fort remarquables, en ce qu'elles durent tout le temps des métamorphoses sans dispersion avec la croissance. Il a été obtenu de chrysalides qui se trouvaient sur un arbrisseau dont les racines étaient baignées par l'eau d'une petite rivière. Cet arbrisseau en était chargé depuis le bas jusqu'en haut ; les chenilles, après avoir dévoré toutes ses feuilles, s'étaient transformées et avaient donné à cet arbuste un aspect étrange ; on aurait pu croire que les chrysalides, au nombre de deux mille environ, étaient les fruits de cet arbrisseau. L'éclosion se fit en juillet. C'est également à Cuernavaca que M. Boucard a trouvé une magnifique espèce nouvelle ou de description ancienne et oubliée de *Miscelia* (Diurnes Argynn.), au nombre de cinq individus seulement, à riches bandes d'un bleu d'opale, tous pris en juillet dans un jardin de la ville, et qui se tenaient sur le tronc de jeunes saules pleureurs, dont ils venaient déguster le suc. Enfin la même localité a donné à M. Boucard, avec beaucoup de peine, douze exemplaires des deux sexes du rare *Morpho* blanc, spécial au versant mexicain du Pacifique (*M. Polyphemus*) et habitant les régions moyennes du plateau.

Ces captures, faites en juillet 1866, ont permis de répandre cette belle espèce dans quelques riches collections qui l'attendaient encore. Ce *Morpho* vit dans des ravins dont nos montagnes de France ne présentent pas les analogues, et qu'on nomme *barancas* ; ce sont de longues et très-profondes crevasses dont les bords sont à pic, assez rapprochés pour que, de l'un à l'autre, deux personnes puissent causer facilement; mais, pour se rejoindre, il faut faire environ deux kilomètres de montées et de descentes. Tous ces *Morpho polyphemus* ont été pris au vol par M. Boucard ; leur vol est lent, il est vrai, comme celui de tous les *Morphos*, mais la grande difficulté de leur chasse résulte des infranchissables inégalités du terrain. Les *Morphos* planent au-dessus du précipice, semblant mettre le chasseur au défi, et il faut des journées entières d'attente pour qu'un d'eux se décide à se poser à portée précisément sur le bord où on les guette ; peut-être M. Boucard eût-il réussi à capturer un plus grand nombre de ces beaux papillons en plaçant de distance en distance des tas de quelques matières fermentées et sucrées, comme des résidus de diverses fabrications ou de distilleries. Enfin nous dirons que c'est à Puebla, seulement dans un jardin de la ville et non dans les bois, que M. Boucard a trouvé l'*Attacus Orizabæ* (Westw.), très-grande espèce à taches vitrées, trigones, du groupe des *A. cecropia*, *hesperus*, *aurota*, faisant un beau cocon riche en soie. Cette espèce a été prise dans le jardin public nommé l'*Alameda de San Francisco*, à Puebla ; les chenilles vivent sur des frênes, sur lesquels elles font leurs cocons ; puis, quand l'éclosion du papillon a lieu, ce qui s'effectue en juin, ces insectes viennent se blottir sur des lataniers qui se trouvent au pied de ces frènes, et là ils passent la journée, de sorte qu'en raison de leur grande taille et de leur immobilité il est très-facile de les saisir. C'est aussi à Puebla que M. Boucard a pris un *Attacus* nouveau, très-voisin mais distinct de l'*A. Orizabæ*, ayant les taches vitrées plus arrondies.

M. Bocourt, moins spécialement occupé d'insectes que l'habile et courageux explorateur dont nous venons de parler, nous fournit aussi un contingent d'observations pleines d'intérêt. Il rencontra, en juillet 1867, en terre tempérée, par 1,400 mètres d'altitude, l'*Ituna cubæa* (Boisd., Rhop.), en voie d'émigration. Cette espèce, pendant huit jours environ, voyage de l'O. à l'E., non en troupes, mais par individus séparés. Une autre espèce de Diurnes, l'*Ageronia feronia* (Hübn.), des terres chaudes, ne dépassant pas 600 m., présente une particularité des plus curieuses et dont les Lépidoptères Rhopalocères ou Achalinoptères n'ont pas encore fourni d'exemple. Quand plusieurs individus se poursuivent, a reconnu M. Bocourt, ils produisent un bruit semblable à celui de sarments en train de s'enflammer. On entend ce son de loin, le jour en plein soleil. M. Bocourt n'a pas déterminé s'il est propre aux mâles seuls ou s'il appartient aux deux sexes. C'est là un cas nouveau de papillons à organes bruyants à joindre à ceux déjà enregistrés dans la science pour plusieurs Hétérocères ou Chalinoptères du groupe des Chélonides, la *Chelonia pudica* et diverses *Setina*, ainsi que notre collègue M. Laboulbène l'a si bien fait connaître dans un excellent travail (Ann. Soc. ent., 4e série, 1854, p. 689, pl. 10, fig. 4 et 5). Il sera intéressant de rechercher l'organe sonore chez cette nouvelle espèce.

Comme on le voit, nous ne pouvons que féliciter vivement MM. Boucard et Bocourt d'avoir su joindre à leurs chasses fructueuses l'observation des mœurs, indice du véritable naturaliste. Ils appartiennent par là à ce groupe d'hommes éclairés, si nombreux dans notre Société entomologique, pour qui la formation, si utile et si nécessaire du reste de belles collections, ne constitue pas le but principal de notre science.

On arrive facilement, quand on entre dans cette voie exclusive, à faire confondre le naturaliste avec les collectionneurs de timbres-poste ou de potiches ; la recherche des Insectes doit toujours s'accompagner de l'observation des organes, des habitudes, du détail précis des localités. On se trouve amené ainsi bientôt à la haute et réelle destination de la science : les applications utiles.

Entomologie appliquée,

Par M. Maurice GIRARD.

(Séance du 23 Septembre 1868.)

Cette année, dans les mois de juillet et d'août, les ravages des Altises dans les jardins de la Brie ont été d'une intensité exceptionnelle. Les navets et les radis ont été complétement détruits sans aucune récolte, et les choux ont souffert d'une manière considérable, perdant la plupart de leurs feuilles criblées de petits trous. J'ai même vu des Altises, après avoir ravagé les Crucifères, passer sur des haricots dans le voisinage. Dans la commune de Chevry-Cossigny, un champ de navets, dont le propriétaire estimait la récolte 600 francs, a été anéanti en moins de quinze jours; toutes les feuilles avaient disparu et dès lors les racines se sont séchées et flétries. Les paysans de la Brie nomment ces Altises *pucerons*, par analogie de leurs sauts avec ceux des puces. D'après des renseignements qui me parviennent, des dégâts analogues sont constatés en Normandie, dans le département de l'Orne. J'ai recueilli de ces Altises dans un jardin potager; elles sont parmi les espèces du genre de la plus petite taille. Il y a plusieurs espèces : *Phyllotreta lepidii* ou *nigripes* Hoffm., et *melæna* Illig.; et je crois *Phylliodes napi* Gyll.

SÉRICICULTURE EN 1868,

Par M. Maurice GIRARD.

(Séances d'Août et de Septembre 1868.)

— M. Maurice Girard communique quelques renseignements de sériciculture relatifs aux produits exposés cette année au Palais de l'Industrie :

Suivant mon habitude, depuis quelques années, j'ai l'honneur de présenter à la Société entomologique non pas un exposé de l'état de la sériciculture en France en 1868, travail immense, pour lequel me manquent le temps et les moyens d'investigation, mais seulement un recueil de certains faits parvenus à ma connaissance personnelle. De cette façon se trouvent échapper à l'oubli quelques détails qui peuvent, dans une circonstance future et imprévue, acquérir de l'importance, comme cela s'est si souvent offert, ainsi que nous l'apprend l'histoire des sciences naturelles. En présence d'une épidémie qui semble prendre de nouvelles formes en se transformant, ainsi que nous l'exposerons plus tard, il est bon de signaler ceux dont les efforts persévérants ont été couronnés de succès, comme aussi d'enregistrer les tristes mécomptes d'un grand nombre, afin que, dans la suite, quand on aura enfin triomphé des funestes influences qui règnent en Europe depuis bientôt trente ans et qui semblent cette année plus spéciales à la France, on puisse mettre à profit l'expérience du passé.

Notre tâche se trouve à la fois cette année aidée et augmentée par une Exposition spéciale d'Insectes faite par une Société qui s'occupe, comme nous, d'entomologie, mais à un point de vue différent.

Nous aurons à constater le succès d'un certain nombre d'éducations destinées presque toutes au grainage; parmi les races indigènes, ce sont presque toujours celles de Vers dits *moricauds* (de couleur brunâtre) qui ont offert des éducations sans maladie ; ils sont plus robustes que les Vers blancs, étiolés par la domestication. Les Vers japonais continuent à être la seule ressource d'un grand nombre de magnaniers; cela est à déplorer à cause du mélange fréquent de graines bivoltines ou polyvoltines, c'est-à-dire de races impropres à notre climat, et en outre parce que les cocons japonais ne se vendent sur les marchés que 3 fr. 50 à 4 fr. le kilogramme; ils sont trop pauvres en soie et surtout donnent une soie de peu de consistance, circonstance dont profitent les filateurs pour donner fort peu de ces cocons ; ce qui fait que les races japonaises sont de plus en plus dépréciées par nos éleveurs.

Dans l'examen rapide des produits agricoles exposés au Palais de l'Industrie en août 1868, je dois d'abord signaler en quelques mots ce qui se rapporte aux espèces autres que le Ver à soie du mûrier. M. Personnat présentait de fort belles soies et des tissus de l'*Attacus Ya-ma-maï* (Ver du chêne du Japon) et des grains de cette espèce si importante ; malheureusement les insuccès en France sont toujours jusqu'à présent trop généraux. M. le docteur Forgemol, de Tournan, mettait en expérience un appareil formé d'aiguilles sur lesquelles on place les cocons ouverts (comme ceux des *A. cynthia vera* et *arrindia*) de manière à les dévider à sec, appareil qui me paraît bien compliqué pour la pratique en grand. J'ai remarqué dans l'exposition de Mme la baronne de Pages (née de Corneillan) des cocons d'un *Bombyx* du Sénégal vivant sur un arbre appelé *Dank*, cocons mêlés d'*aiguilles* dues à de forts poils de la chenille, analogues à ce que présentent les cocons de nos Processionnaires du chêne et du pin ; ces cocons sont assez soyeux, mais exigent une longue macération avant le cardage ou la filature, comme on est obligé de procéder à Madagascar pour plusieurs Bombycides soyeux utilisés. Il y donc là plutôt une curiosité qu'autre chose.

Le point le plus neuf à signaler, à propos du *Sericaria mori* , ce sont les remarquables tentatives de M. A. Gelot. Le Ver à soie a été importé dans l'Amérique du Sud, à l'Equateur, au Chili, à Montevideo et y prospère sans maladie, donnant dans les régions les plus chaudes jusqu'à cinq récoltes par an; les cocons de ce pays sont superbes, et si les soies grèges semblent imparfaites, cela tient à une filature locale défectueuse; elles sont fort belles après avoir passé par nos filateurs français. Introduire en France la graine régénérée par un climat nouveau et sain, tel est le but de M. Gelot, et depuis plusieurs années nos éducateurs du Midi ont eu de bonnes éducations avec ces graines américaines. Il est arrivé cette année un fait exceptionnel, tenant à la chaleur extrême de l'été de 1868, et qui devra exiger une surveillance spéciale : beaucoup des graines déposées au consulat du Chili sont écloses, et de là la seconde éducation de Vers à soie vivants qu'on voyait en août au Palais de l'Industrie.

Une autre idée avait guidé les efforts que poursuit à Lunel M. Nourrigat ; il nourrit exclusivement ses vers avec une espèce spéciale de mûrier à très grandes feuilles, le *Morus japonica*, et ses essais heureux comprennent soixante-dix-huit races diverses, notamment des races du Chili de 1866 et 1867. Il faut encore citer : M. Duplat, de Lyon, pour éducations en 1868 de races du pays, japonaises, de l'Équateur, du Chili, de Dalmatie, de Brousse et de Chine ; M. Labarthe (Saint-Privat de Vallongue, Lozère), pour de très-beaux cocons blancs obtenus en 1868 avec la graine du Chili ; Mme Millery a eu l'idée de croiser des mâles japonais à soie faible avec des femelles de race indigène à soie grossière et nerveuse. Les métis ont très-bien réussi à Tarbes (Hautes-Pyrénées), malgré l'été froid et pluvieux de 1867 et dans les conditions opposées en 1868, où ils ont supporté 30° et 31°. Je ne dois pas oublier Mlle de Lavergne (Brive, Corrèze) dont les graines se maintiennent exemptes d'épidémie depuis de nombreuses années, grâce à ses soins de tous les instants. Les dames réussissent bien dans ces petites éducations de grainage qui fournissent les plus beaux types de toutes les expositions : ainsi Mlle Dagincourt (Saint-Amand, Cher) présentait de très-beaux cocons moricauds et croisés japonais-moricauds ; Mme Estève, son élève, de gros cocons blancs moricauds, élevés depuis 1865 ; Mme veuve Ginot (Valence, Drôme), des japonais verts de sixième reproduction, des portugais jaunes de troisième reproduction. J'ai remarqué aussi de gros cocons blancs et bien faits obtenus en 1868 par M. Rouillé (Estivareilles, près Montluçon, Allier) de races moricauds indigènes et de races de l'Amérique du Sud, de très beaux cocons blancs moricauds, 1866, 1867 et 1868, de M. Nicaud (Cluis, Indre). Mme de Pages (de Corneillan) doit être particulièrement mentionnée pour reproduction sans maladie depuis trois ans de japonais blancs provenant de la Société d'Acclimatation et pour une race du Liban, maintenue depuis cinq ans, et qui seule a donné en 1868 de bons rendements dans la contrée. Une transition naturelle pour un autre sujet m'est donnée par un exposant parisien, M. Caillas, qui a obtenu en 1868 à Passy de beaux cocons blancs moricauds, malgré la détestable influence qui semble se maintenir depuis plusieurs années dans les environs de la capitale, ainsi que nous le montre l'étude de la magnanerie du bois de Boulogne.

M. Maurice Girard envoie la suite de ses communications relatives à la sériciculture en 1868 :

Je m'occupe uniquement, en fait de sériciculture, du point de vue scientifique et je dois dire que malheureusement toutes ces éducations de grainage qui figurent depuis quelques années aux Expositions sont trop souvent des exceptions, prouvant uniquement qu'on ne doit pas désespérer de l'avenir. L'examen de ce qui s'est produit cette année à la magnanerie du bois de Boulogne avec des graines très-diverses ne nous montrera que trop fidèlement ce qui a eu lieu sur bien des points de la France, et nous amènera à signaler une maladie ancienne qui semble cette année avoir remplacé en partie la pébrine, en produisant autant de désastres.

C'est le 2 mai 1868 que les graines du bois de Boulogne furent mises à éclosion. Cette année le Jardin n'avait rien reçu de la Société d'Acclimatation et des ministères. La graine se composait de diverses races japonaises, à petits cocons, dont l'introduction datait de 1867, et d'envois faits par diverses personnes. Tout marcha parfaitement et sans accident jusqu'à la dernière mue de la chenille, et c'est là le caractère de la maladie dont nous allons parler. Le 31 mai, comme nous l'apprend une note insérée au *Moniteur*, les Vers étaient pour la plupart à la troisième mue et en bonne santé.

Dans une visite que je fis le 12 juin les choses avaient bien changé : on trouvait intacts les Vers d'une race à cocons jaunes de Brignoles (Gard) opérant leur quatrième mue, des Vers de Montevideo, provenant de M. A. Gelot, à la deuxième mue, des Vers de Californie, provenant d'une graine reçue en 1867 non éclose, et, par une singulière exception, éclose la seconde année en 1868, Vers commençant le sommeil de la troisième mue ; mais les Vers japonais du Jardin, blancs ou verts (graine importée en 1867, deuxième reproduction en 1868), des Vers provenant de graine donnée par M. Gaudinot, de Neuilly, d'autres, de M. Foulon, de Douai (Nord), tous ayant subi la quatrième et dernière mue, étaient atteints de la maladie dite de la *flacherie* ou des *morts flats,* sans traces de *pébrine,* qui se caractérise extérieurement par des taches noires aux pattes et à la région anale. Les Vers atteints de la première maladie sont lents à quitter leur peau et prolongent leur sommeil au delà du temps normal; puis ils refusent de manger, deviennent jaunâtres et flasques, se vident peu à peu par évaporation des liquides internes, et après la mort sont livides et brunâtres. Quand la flacherie commence à sévir dans une magnanerie on voit tout d'un coup des vides par places sur les litières et souvent on pense que quelqu'un est venu voler des Vers ; les Vers malades restent cachés sous la litière, trop affaiblis pour en sortir. Le 25 juin, la flacherie, achevant son œuvre sur les Vers plus tardifs, avait tout détruit, à l'exception des Vers d'une seule tablette, où elle avait peu sévi, et qui donnèrent des cocons mêlés, les uns jaunes-verts les autres jaune vif, provenant de graines japonaises données par M. Sermant, de Pierrelatte (Drôme) ; en outre on obtint quelques beaux cocons milanais jaunes, dans un essai de simple curiosité, pareils à ceux inaugurés en 1860 au Muséum par M. Vallée, en nourrissant les Vers avec le chardon à foulon et la scorçonnère jusqu'à la troisième mue, puis au mûrier.

Il faut remarquer qu'il est impossible d'observer une magnanerie dans de meilleures conditions hygiéniques que celle du Jardin du bois de Boulogne, si bien dirigée par M. J. Pinçon ; les Vers y sont toujours maintenus à la température naturelle, qui fut si favorable en 1868. Les insuccès tenaient à des graines de qualité médiocre pour une partie des envois, et à un fait qui a été général en France pour les graines japonaises. La graine japonaise du Jardin, d'introduction 1867, envoyée dans un grand nombre de localités de la Drôme, pays de sériciculture par excellence, y a partout échoué, et, comme à Paris, avec superbes apparences jusqu'à la quatrième mue, puis destruction totale par flacherie. Il semble que le climat lui soit de plus en plus contraire; car l'anéantissement de la race a lieu dès la seconde génération, et auparavant on obtenait au Jardin, avec les graines japonaises, deux bonnes éducations, la troisième médiocre et la quatrième nulle, et actuellement c'est la deuxième qui est nulle.

M. Girard communique quelques observations séricicoles dans le midi de la France analogues comme résultats aux faits qu'il a précédemment indiqués pour la région de Paris :

Les conséquences de la nouvelle phase épidémique de 1868 ont été pareilles à ce qui s'est passé à Paris dans les éducations observées au mois de mai 1868 dans la ville de Celles-les-Bains (Ardèche) ; ce que je vais exposer m'a été communiqué par M. Fallou, qui se trouvait à cette époque dans la localité.

On élevait, on peut dire dans toutes les maisons, des Vers de graine indigène de la belle race de l'Ardèche, d'autres japonais, de graine de 1866 ayant donné une bonne récolte en 1867 dans le pays, enfin des japonais récents, de graine de 1867. Seuls ces derniers étaient montés aux bruyères le 25 mai 1868 et donnaient des cocons mêlés verts et blancs; tous les autres, indigènes et japonais déjà élevés en France, avaient été détruits en quelques jours par la flacherie. Rien ne montrait mieux la différence des Vers de première et de seconde année que le fait suivant : M. Fallou m'avait envoyé dans une boîte des Vers des deux sortes, pris au hasard sur les tablettes. Les premiers me parvinrent filant leurs cocons; les autres, à côté, morts de flacherie et sanieux (1). Comme dans toutes les maisons de Celles on élevait les uns contre les autres, avec la même feuille, des Vers japonais de première génération, beaux et sains, tandis qu'on était forcé de jeter ceux de seconde génération et les indigènes, il est très-difficile de placer la maladie dans le mûrier, qui devrait empoisonner indistinctement tous les Vers; il faut au moins admettre, si on veut absolument supposer la feuille malade, que les Vers déjà francisés sont débilités et moins aptes à résister à une nourriture altérée. Il est probable que, depuis bien des années, Vers, mûriers, vignes, pommes de terre, tomates, etc., subissent une même influence épidémique générale.

Les observations de M. Fallou ont aussi porté sur d'autres points purement scientifiques. Il a rassemblé une collection très-complète de toutes les formes anormales que peuvent offrir les cocons de *S. mori.* Il en est d'un tissu lâche, presqu'à claire voie, rappelant les cocons des *Bombyx neustria, Odonestis potatoria, Lasiocampa*, etc. D'autres sont ouverts en nasse à une extrémité, comme sont naturellement les cocons des *Attacus pyri, carpini, cynthia, arrindia, cecropia,* etc. Il y a des cocons très-petits et subpolyédriques. Enfin viennent les doubles ou *douppions* filés par deux Vers associés. Tantôt ils sont ovoïdes et bien faits, mais très-gros, ne montrant à l'extérieur aucune trace de duplicité; il en est au contraire de forme très-irrégulière, tétragones, trigones, bosselés, avec accolement et soudure visible de deux cocons séparés, incomplets chacun. Enfin quelquefois les deux cocons, analogues aux fameux jumeaux

(1) Je trouve dans mes notes ce fait, observé par M. Goossens, qu'il a trouvé en 1868 les chenilles de *Triphæna subsequa,* qui vivent ordinairement cachées dans les plantes basses, montées sur les bruyères, pliées en deux et noirâtres. Dans ma communication sur la sériciculture, en 1867, j'ai signalé des faits d'épidémie sur les insectes en général qui paraîtraient ainsi continuer cette année. G.

siamois, sont tout à fait distincts et complets, mais tiennent par un point de la couche externe. On signale aussi des cocons triples, quadruples et même quintuples. Le Ver à soie n'est pas la seule espèce où ce fait se présente ; on a noté un cocon double dans une éducation d'*Attacus carpini*. Les cocons doubles apportés de Celles par M. Fallou ont donné leurs papillons à Paris et tous ont offert un mâle et une femelle, les chenilles qui s'associent sachant par instinct reconnaître une sexualité qui nous échappe. C'est une nouvelle confirmation d'un fait curieux déjà indiqué dans nos Annales par M. Lucas, puis par nous (Ann. Soc. Ent. Fr., 1845, Bull. p. LXXXI, et 1863, p. 89) ; je ne puis affirmer qu'on puisse l'ériger en loi générale ; au dire des éleveurs de Celles-les-Bains à M. Fallou, il ne se présenterait pas toujours pour les cocons doubles ; mais ces personnes sont fort peu habituées à une observation exacte; les cocons doubles sont d'habitude étouffés comme déchet pour le cardage ; peut-être y a-t-il erreur sur ce point. Il faudra rechercher encore de nouveaux exemples d'un fait déjà vérifié à trois reprises.

Une autre observation fort triste a aussi été faite à Paris, c'est que la graine japonaise de 1867 pouvait devenir polyvoltine. Les œufs pondus par les papillons provenant des cocons rapportés par M. Fallou sont éclos en partie au bout de quelques semaines ; ce fait est fréquent pour les graines japonaises non encore acclimatées ; je l'ai déjà mentionné dans ma note de 1867 ; il faudra recommencer partout où il s'est produit une nouvelle et coûteuse introduction, et la patience de plusieurs se lassera peut-être. Il faut dire que les chaleurs exceptionnelles de l'été de 1868 sont peut-être la cause de cette précoce éclosion; mais c'est en tremblant que nos producteurs doivent accepter une graine qui peut produire un pareil mécompte si la température se maintient à une élévation insolite.

J'ai à faire connaître à la Société, dans un examen rapide, ce que j'ai pu observer à Paris pour deux espèces auxiliaires du Ver à soie, les *Attacus ya-ma-maï* et *cynthia*. C'est le premier mai que sont nées au Jardin du bois de Boulogne les premières chenilles de l'*A. ya-ma-maï* provenant de graine du Japon. Elles furent immédiatement portées sur de jeunes pousses de chênes en taillis, sous grillage, vu les oiseaux ; cet arbre commençait à ouvrir ses bourgeons dans le bois de Boulogne, qui est le plus hâtif des environs de Paris. Elles étaient en bon état le 31 mai. Mais le 12 juin on commençait à voir apparaître la même maladie que les années précédentes, caractérisée à la fin par des taches noires. Les chenilles commencent par jaunir, leur belle couleur verte s'étiolant, s'accrochent par les pattes, deviennent flasques et meurent; ainsi à côté de la flâcherie des Vers à soie se présentait une affection paraissant distincte, dérivée de la pébrine.

Par un contraste qui montre combien peu nous connaissons les causes de ces maux étranges, une troisième espèce de Bombyciens, aussi d'importation récente, se maintient, dans ces mêmes lieux infectés, robuste, vivace, exempte de toute maladie, de l'une ou de l'autre espèce. Je veux parler de l'*A. cynthia*. La magnanerie du Jardin possédait des chrysalides provenant de la race métisse de M. Vallée; mais la plus grande partie furent détruites cet hiver par les larves du *Dermestes lardarius*, fléau de beaucoup de filatures de soie et surtout des magnaneries, qui infeste notamment celle de M. Nourrigat à Lunel. Ces larves ne s'attaquent pas d'ordinaire aux proies vivantes ; mais cependant les chrysalides, qui sont à moitié des matières sèches, sont dévorées par elles. Les chenilles provenant du peu de graine qu'on obtint vinrent à éclosion au commencement de juin et furent portées sur des taillis d'ailante et s'élevèrent parfaitement. La magnanerie reçut en outre de la graine de M. Givelet, qui fit son éclosion dans la première semaine de juillet, en même temps que les dernières chenilles de l'éducation précédente filaient leurs cocons. M. Givelet possède à Flamboin (Seine-et-Marne) des réserves d'*A. cynthia vera* pouvant suffire à toutes les demandes; rien de plus beau que les grands et robustes papillons qui proviennent de chrysalides qui me furent généreusement envoyées par M. Givelet, et qui doivent servir de types pour des collections d'étude destinées à l'enseignement. On pouvait voir au Jardin du bois de Boulogne la manière extrêmement simple avec laquelle on fait passer sur les ailantes cette rustique espèce. Les œufs sont déposés par cinquante à soixante dans un petit godet de carton qui entoure en cornet une branche d'ailante et les petites chenilles grimpent d'elles-mêmes sur les feuilles ; on n'a plus à s'en occuper jusqu'au ramassage des cocons. Selon M. Givelet cette espèce est essentiellement de plein air et souffre toujours de l'élevage en chambre. Au mois de juin de cette année de nombreux papillons de cette espèce volaient au bois de Boulogne, dans les jardins du Luxembourg et du Muséum, etc.

J'ai cité précédemment M. Vallée. On sait qu'on devait à ses soins assidus une race de métis des deux espèces ou races locales, *A. cynthia vera* et *arrindia*. Ces métis, que M. Vallée élevait au Muséum depuis 1854, avaient repris presque tous les caractères de l'*A. arrindia*, son dessin, son cocon, la couleur et la finesse de la soie, en conservant d'autre part le très-grand avantage de l'autre espèce, de donner des chrysalides passant l'hiver sans éclore. On savait déjà que les chenilles de ces espèces peuvent être attaquées par des insectes carnassiers de l'ordre des Diptères ; ainsi M. Guérin-Méneville avait signalé une Tachinaire, la *Phorocera pumicata* Meigen. Un accident analogue, mais dû à un Hyménoptère, a détruit la race de M. Vallée; l'immense majorité des chrysalides a donné en 1868 de nombreuses légions d'un Ichneumonien, le *Pimpla instigator* Linné, à forte odeur acétique, et les rares éclosions de papillons se sont faites à trop d'intervalle pour qu'il y eût reproduction. On peut dire que la destruction de cette race intéressante est une perte pour la science ; elle avait fourni un grand argument pour l'identité spécifique première des *A. cynthia vera* et *arrindia*.

M. Vallée va continuer ses éducations avec de la graine, sauvage en quelque sorte, pondue par des papillons libres capturés dans le Jardin et qui doivent provenir de croisements des sujets qui errent maintenant dans tous les jardins de Paris et des métis que M. Vallée mettait en liberté depuis bien des années.

SUR DES LIBELLULES,

Par M. Maurice GIRARD.

(Séance du 25 Novembre 1868.)

— M. Girard fait connaître qu'il vient de recevoir des environs de Smyrne (Syrie) la *Libellula leucosticta* Burmeister. Jusqu'à présent cette espèce avait été regardée comme exclusivement africaine. M. de Sélys-Longchamps (Revue des Odonates, 1850; Mém. de la Société royale des Sciences de Liége, p. 310) l'indique comme commune au Sénégal et se trouvant aussi en Égypte. M. H. Lucas l'a rencontrée en Algérie. Elle est donc en outre asiatique, fait qui n'a rien de surprenant si on considère que les insectes vivant dans les eaux douces ont tous une distribution géographique très-étendue. En effet, en hiver le fond de ces eaux se maintient à + 4° dans les pays les plus froids, en raison d'un maximum de densité à l'état liquide, et, en été, l'évaporation superficielle et la mauvaise conductibilité entretiennent ces eaux au-dessous des températures élevées de l'atmosphère, de sorte que les habitants du liquide n'ont à supporter que des variations de chaleur très-limitées, ce qui permet une extension considérable des mêmes formes organiques.

— M. Maurice Girard communique la note suivante :

Une localité certaine, en fait de distribution géographique des insectes, a toujours quelque intérêt. J'ai reçu de Bucharest (Valachie) un sujet femelle de la *Libellula flaveola* Linné, appartenant à la variété de ce sexe, présentant l'espace safrané de la base des ailes très-étendu, à pattes noires, comme dans le type. Cette variété est plus accusée encore que celle que j'ai trouvée, mais rarement, aux environs de Paris, volant çà et là parmi les nombreux individus de *L. vulgata,* qui forme comme un type entouré d'espèces satellites. La *L. flaveola,* très-commune dans le nord de l'Europe, devient de moins en moins fréquente à mesure qu'on s'avance dans le Midi et passe peu à peu à des races locales, comme *L. luteola* Sélys. Peut-être même l'habitat a-t-il une extension considérable. Ainsi la collection du Muséum offre un seul exemplaire, rapporté du Cachemyr par Victor Jacquemont (au temps où les sciences naturelles étaient assez favorisées pour que le Muséum eût des voyageurs), inédit et étiqueté *L. Jacquemonti* (nom de collection), ressemblant beaucoup à la variété très-jaune de *L. flaveola,* et qui n'en est peut-être qu'une race locale des plateaux hymalayens.

TABLE DES MATIÈRES.

Paris.— Typographie FÉLIX MALTESTE et Ce, rue des Deux-Portes-Saint-Sauveur, 22.

www.ingramcontent.com/pod-product-compliance
Ingram Content Group UK Ltd.
Pitfield, Milton Keynes, MK11 3LW, UK
UKHW020334230726
13925UKWH00002B/800

9 782013 557184